# 簡譜讀法

下列的[illegible]1代表最左面的按鍵，2是第二[illegible]，$\dot{1}$代表最右的按鍵。[illegible]、0表示休止符，[illegible]線表示該音較短，數字後的橫線則表示該音較長。

1 2 3 4 5 6 7 $\dot{1}$

# 估歌仔

你能猜出以下這些旋律是來自哪些歌曲或音樂嗎？

**1. ? ? ?**

3 3 4 5 | 5 4 3 2 | 1 1 2 3 | 2– $\underline{11}$

**2. ? ? ? ? ? ?**

4 0 $\underline{14}$ 0 | $\underline{14146\dot{1}}$

**3. ? ? ? ?**

6 | $\dot{1}$– $\underline{6\dot{1}6}$ | 4– 1 | 2– $\underline{442}$ | 1– 1 | 4– $\underline{64}$ | 6– 5 | 4–

**4. ? ? ?**

$\underline{11}$ $\dot{1}$ 6 4 3 2 | $\underline{77}$ 6 4 5 4

**5. ? ? ? ?**

5 | 5– 2 5 | 6– 2– | 7 6 7 $\dot{1}$ | 7– 6

**6. ? ? ? ? ? ? ? ?**

1 1 5 5 | 6 6 5– | 4 4 3 3 | 2 2 1–

答案在 P.47！

## 電子琴電路圖

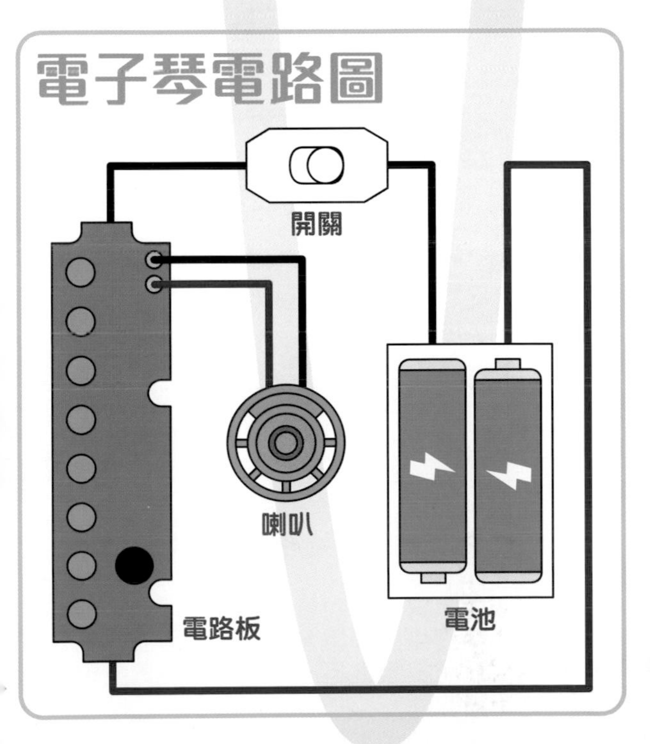

# 牛也懂得音樂？

成語「對牛彈琴」比喻對不懂道理的人講道理。雖然人們未能肯定牛隻是否懂得「欣賞」音樂，但牛並非對音樂毫無感覺。

不少科學研究都提到音樂與乳牛生產的奶量有關。科學家發現嘈吵的音樂會令牛隻緊張，因而降低其產奶量；柔和的音樂有時會令牛隻放鬆，使產量稍為增加。不過影響牛隻的因素眾多，有時柔和音樂並不奏效。

▶網上有不少在草原上演奏去吸引牛隻圍觀的影片。牛隻可能是出於好奇，並小心審視演奏者會否帶來威脅，未必真的陶醉於旋律之中。

嘿嘿，我還知道鋼琴的運作原理呢。

手別放在琴蓋下，可能會被壓傷的……

# 鋼琴如何發聲？

人們按動琴鍵，便會觸動琴箱內的機械裝置，令木槌敲擊相應的琴弦，因而發出琴音。

▲按下琴鍵後，其相應的木槌便會移動，敲擊後面的琴弦。

▲這是另一部鋼琴的相片。可見木槌敲擊一組三條的鋼製琴弦。每條琴弦的粗幼、長短和拉緊度不一，敲擊時便會發出高低不同的音。

# 袖珍電子琴的運作原理

袖珍電子琴以電路板產生不同的琴音。電路板可焊接不同電子零件，並以特別設計的線路連接，從而產生不同功能。而袖珍電子琴的電路板上，有這些電子零件：

這些淺綠色的線路下方是一層銅金屬，因此可導電，而淺綠色是來自其上方的保護層。

這些標着 R1、R2、R3 及 R4 的位置，都裝了電阻器（Resistor），是一種對電流產生阻力的電子零件。

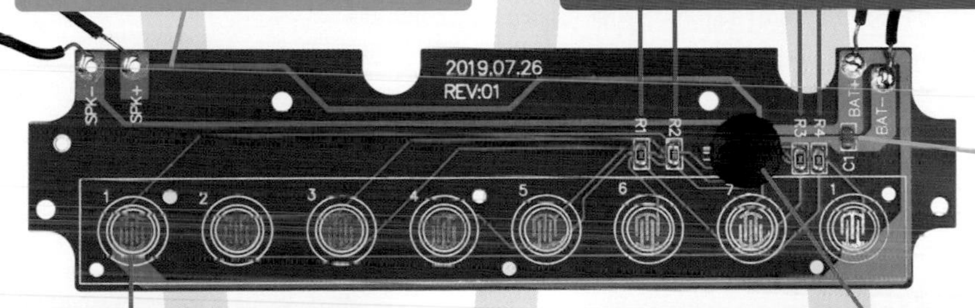


這個位於 C1 的電子零件是電容器（Capacitor），是一種接駁電池時可儲電、沒接駁電池時可放電的電子零件。

這是對應着 8 個琴鍵的開關，有兩邊分開的銅金屬。當琴鍵被按下時，橡膠內的石墨會壓下來，同時接觸兩邊的銅金屬，從而接通開關。

按下前　按下後

在黑色樹脂保護膜下，是集成電路。簡單來說，集成電路是一個包含複雜電路的微型裝置，有許多種類，各有不同的功能。我們常用的電腦 CPU、GPU 等，嚴格來說也算是一種集成電路。

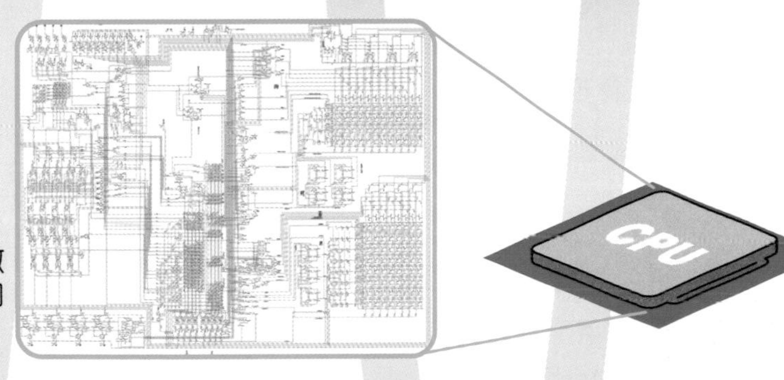


▶ CPU（Central Processing Unit，中央處理器）的電路十分複雜，微型化後雖只有約 2 隻手指頭大，卻能發揮強大的運算功能。

袖珍電子琴的集成電路，其功能就是在按下琴鍵後產生一個電流訊號，並輸送到喇叭，令喇叭發出琴音。

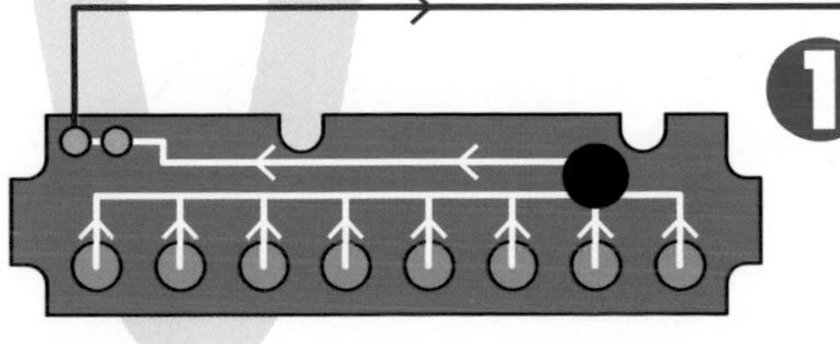

其實這條線表示甚麼？為何說它是「聲波」？

這就要從聲音的本質說起了。

# 聲音的本質

先試做以下的實驗：

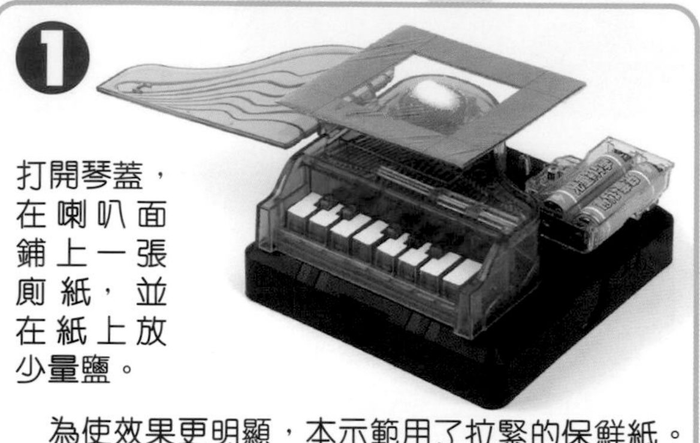

❶ 打開琴蓋，在喇叭面鋪上一張廁紙，並在紙上放少量鹽。

為使效果更明顯，本示範用了拉緊的保鮮紙。

❷ 按下琴鍵。

鹽粒隨琴聲震動，甚至彈跳起來！

由此可見，聲音是某些東西震動所致。

若將喇叭拆出來，會看到有一個銅線圈，其下方是一塊磁石，線圈上則黏着一塊透明膠膜。當這塊透明膠膜有規律地前後震動（物理學上叫振動，英文是 oscillation），便產生聲音。

▲嘗試按動膠膜，可發現它能前後移動。當喇叭接收到電流，膠膜有時會被推出來，有時則會被吸進去。

## 喇叭產生聲音的過程

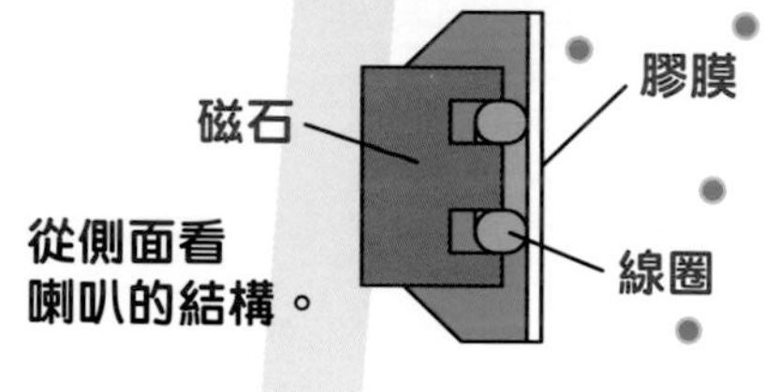


從側面看喇叭的結構。

◀有些物質被膠膜推動時，才可產生聲波。如果將喇叭放在真空中，那就只有膠膜在動，卻不會有聲音。

❶ 膠膜將空氣粒子向前推。

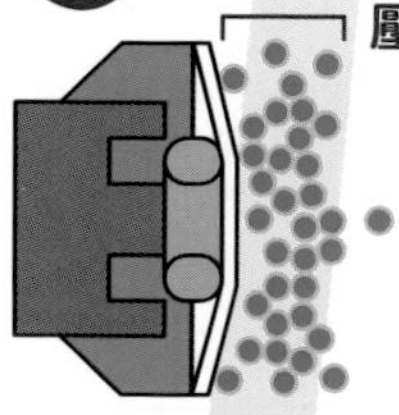


被推動的空氣粒子跟未被推動的空氣粒子擠在一起，形成壓縮區。

❷ 當膠膜向後拉，空氣粒子突然多了空間，便會分佈得較稀疏，形成稀疏區。

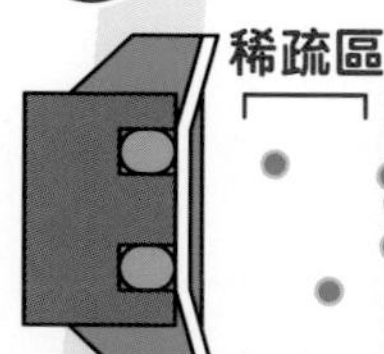


原本壓縮區的粒子也隨着膠膜前後振動，撞擊右邊的粒子，形成新的壓縮區。

❸ 粒子隨着膠膜不斷前後振動，產生梅花間竹的壓縮區及稀疏區組成的波動，向着一個方向移動，此波動就是聲波。

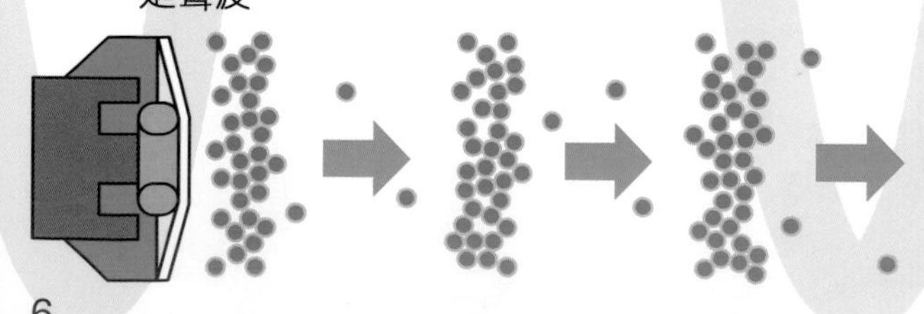

當耳朵感受到這些聲波，便聽到聲音了。

總括來說，聲波是粒子前後振動造成的。那種上下振動的波形，只是比較易畫及令人易理解，並非聲波的模樣。

那為甚麼聲音會有高低之分？

如果喇叭振動得慢些，粒子每秒振動的次數就會較少，亦即頻率較低。這會導致聲波的壓縮區較疏散。

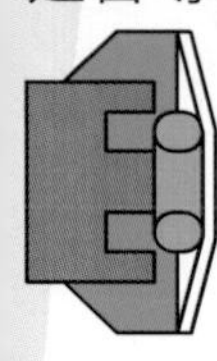

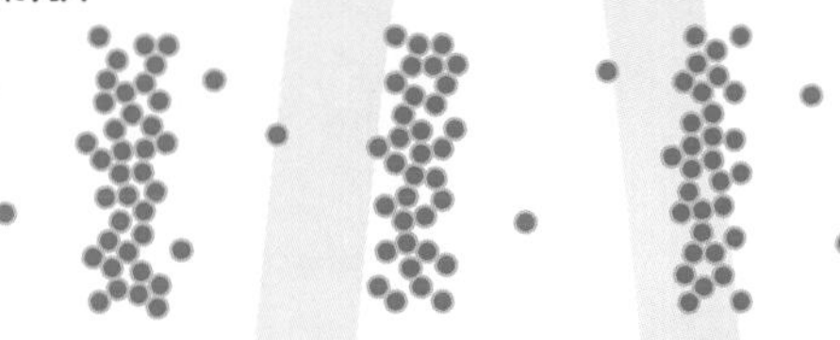

聲音的頻率愈低，就愈低沉。

如果喇叭振動急促，粒子每秒振動的次數較多，頻率就較高。聲波的壓縮區便較密集。

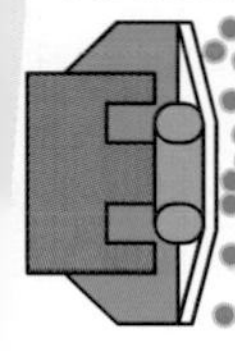

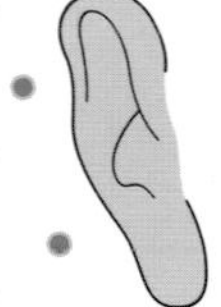

聲音的頻率愈高，就愈高吭。

聲波每秒振動 1 次，其頻率便是 1Hz（Hz 的英文為 Hertz，中文譯做赫茲）。人聽得到的聲音，最低也要有 20Hz，最高可達 20000Hz。

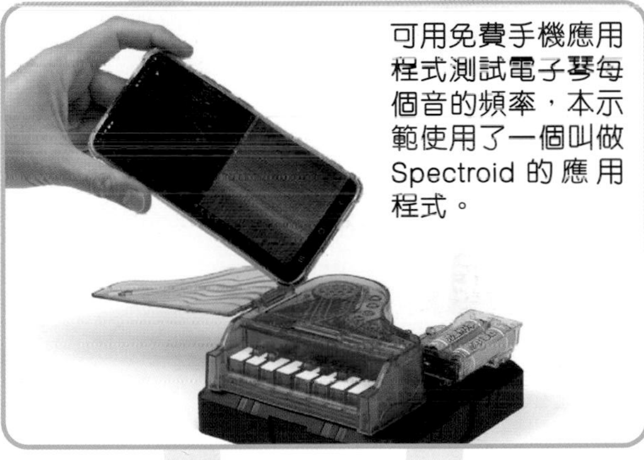

可用免費手機應用程式測試電子琴每個音的頻率，本示範使用了一個叫做 Spectroid 的應用程式。

## 電子琴的頻率測試結果

1 C5 — 522Hz
2 D5 — 587Hz
3 E5 — 662Hz
4 F5 — 700Hz
5 G5 — 786Hz
6 A5 — 883Hz
7 B5 — 980Hz
i C6 — 1044Hz

你在鋼琴旁邊吃東西，很易弄到琴音不準啊！

在音樂上，每個音都有一個標準頻率。而以上測試每個音，都非常接近 C5 至 C6 的標準。

| | 標準頻率 |
|---|---|
| C5 | 523.2511 |
| D5 | 587.3295 |
| E5 | 659.2551 |
| F5 | 698.4565 |

| | 標準頻率 |
|---|---|
| G5 | 783.9909 |
| A5 | 880.0000 |
| B5 | 987.7666 |
| C6 | 1046.502 |

哇！媽媽？

# 如何確保鋼琴的音準確？

琴弦由鋼製成，會隨時間氧化。另外，琴弦由鋼琴內的零件以不同程度拉緊，日子久了便會產生金屬疲勞，拉力出現變化，令鋼琴逐漸走音。因此每隔一段時間，鋼琴便需要調音。

調音叉

在科技較落後的年代，調音時會使用調音叉。這是一種毋須用電，擊打後會發出特定頻率聲音的物件。

調音師利用調音叉及琴弦共振所產生的聲音，來判斷琴弦目前的頻率跟正確頻率相差多少，再改正琴弦的拉力（鬆緊程度），令其音高回復正常。

現在則有不同儀器能檢測聲音的頻率，甚至智能手機也具備這種功能，非常方便。

# 鋼琴、電子琴、數碼鋼琴

除了鋼琴和電子琴，還有一種數碼鋼琴。雖然它也用電，並可發出像鋼琴的聲音，但其運作原理跟電子琴和鋼琴都不同。*

* 有關數碼鋼琴的運作原理，請參閱今期「科學 Q&A」。

# 鋼琴的音色為甚麼如此獨特？

儘管以上提及三種琴的聲音非常相似，但仍有一些分別。為甚麼它們跟其他樂器都各自有其獨特的聲音？那分別在於它們的波形。

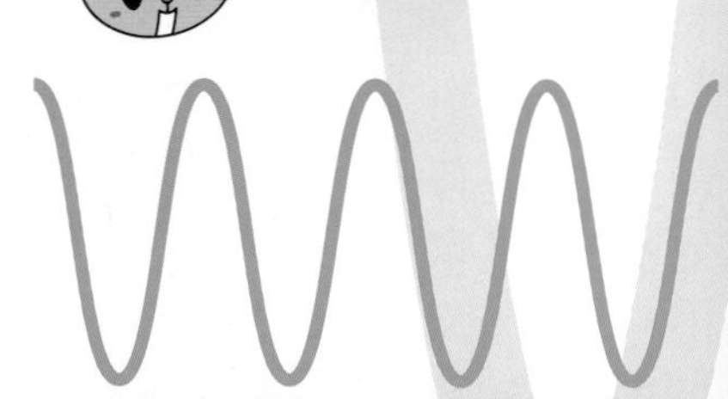

▲波形即是用儀器探測聲波時，在螢幕上看到的形狀，一般都是這種波浪形線條。

每種樂器或物件的振動模式都不同。一些有規律的基本波形，可用手機應用程式產生，例如以下叫「Signal Generator」的免費應用程式。

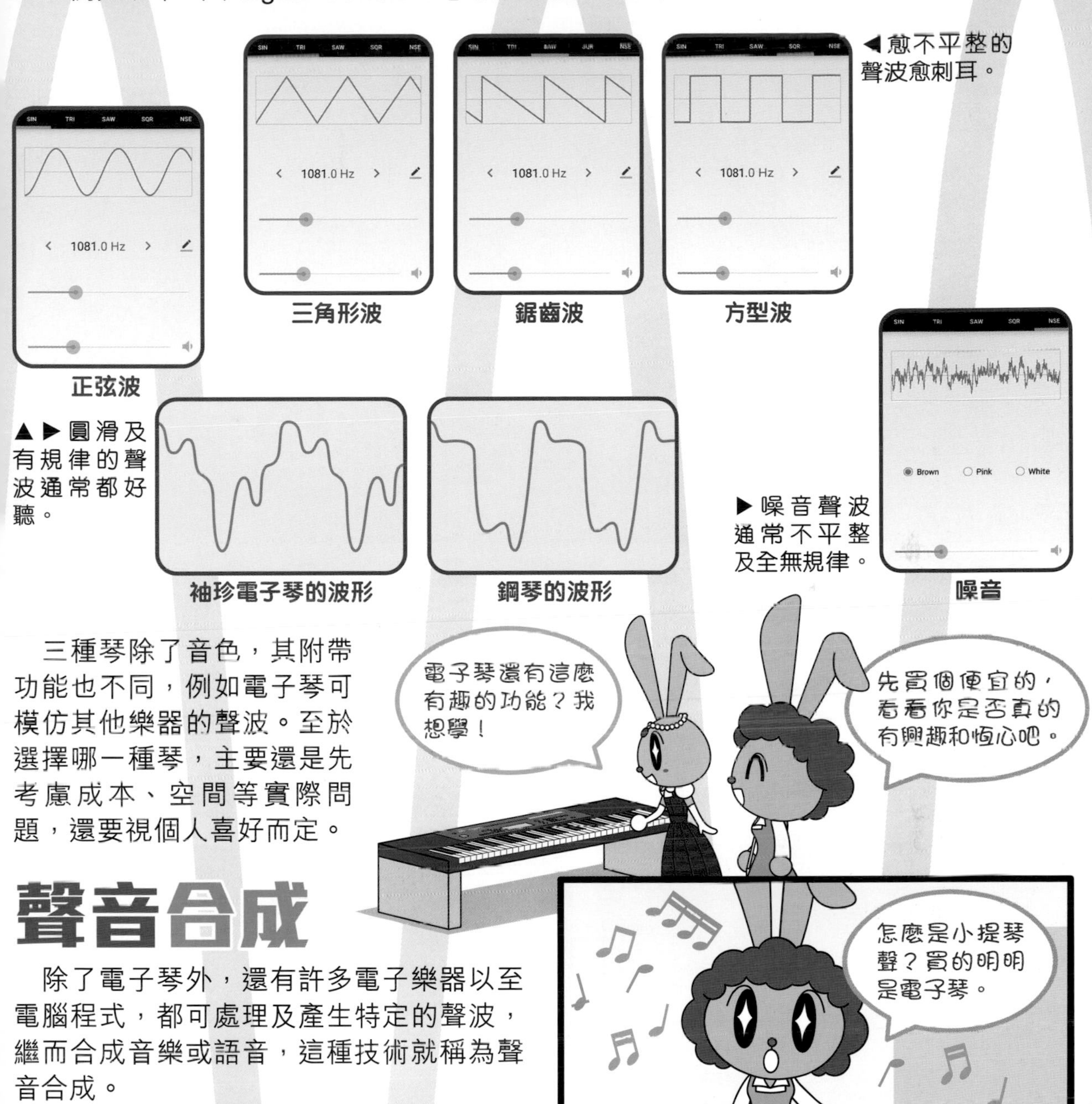


三種琴除了音色，其附帶功能也不同，例如電子琴可模仿其他樂器的聲波。至於選擇哪一種琴，主要還是先考慮成本、空間等實際問題，還要視個人喜好而定。

# 聲音合成

除了電子琴外，還有許多電子樂器以至電腦程式，都可處理及產生特定的聲波，繼而合成音樂或語音，這種技術就稱為聲音合成。

Credit : elhombredenegro/ CC BY 2.0

◀已故的史蒂芬．霍金＊便是使用聲音合成的電腦軟件跟外界溝通。

＊有關霍金的生平，請參閱上期及今期的「誰改變了世界」。

Siri、VOCALOID 等應用程式都使用了聲音合成技術，以合成出跟真人非常相似的聲音去說話甚至唱歌。

**中華白海豚，又名印度太平洋駝背海豚（Indo-Pacific Humpback Dolphin，學名：*Sousa chinensis*），二十年前在香港主要分佈在大嶼山以北水域，包括大小磨刀洲、沙洲及龍鼓洲一帶。過去幾年，牠們已游至大嶼山以西和西南水域棲息，包括二澳至分流一帶水域。**

**雖然港珠澳大橋和香港國際機場第三條跑道工程在早前已完成，可惜仍未見海豚有返回大小磨刀洲一帶的跡象。另外，根據漁護署的最新資料顯示，中華白海豚現時的數目有 40 條，而 2021 年共有 5 條擱淺的記錄。**

▲幸好今年情況有所改善，包括執法部門大舉打擊後，海上走私快艇已全部消失。而且因疫情關係，來往香港和澳門之間的高速快船也停航了，故此對海豚的干擾也減至最少。

© 海豚哥哥 Thomas Tue

◀最近看到白海豚經常跳出水面，還有海豚 BB 與媽媽一起游出水面。希望水域的情況能繼續改善，令牠們生活環境好轉就好了。

在世界自然保護聯盟瀕危物種紅色名錄（IUCN），中華白海豚是「易危物種」（Vulnerable Species）。如發現有海豚擱淺或嚴重受傷，請即致電 1823 報告情況，救救白海豚！

如大家想親眼看到白海豚，請到以下網址報名：
eco.org.hk/mrdolphintrip

收看精彩片段，
請訂閱 Youtube 頻道：
**「海豚哥哥」**
https://bit.ly/3eOOGlb

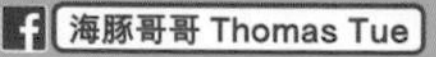


**海豚哥哥簡介**

自小喜愛大自然，於加拿大成長，曾穿越洛磯山脈深入岩洞和北極探險。從事環保教育超過 20 年，現任環保生態協會總幹事，致力保護中華白海豚，以提高自然保育意識為己任。

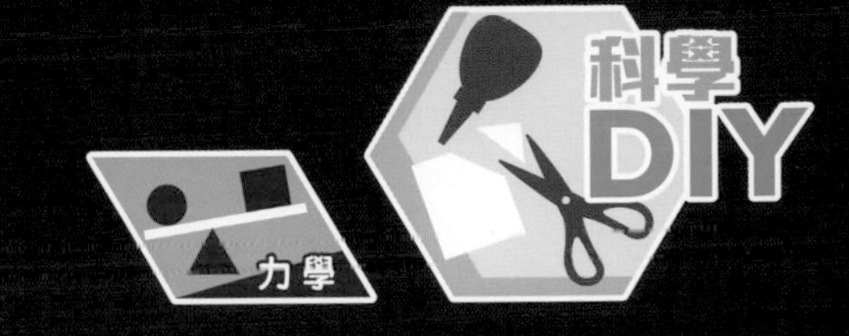


# 旋轉幸福摩天輪

在眾多遊樂場機動遊戲中，最適合一家大小遊玩的非摩天輪莫屬！它以慢見稱，在緩緩地上升與下降期間，人們就能由近至遠觀賞風景，這也是賞心樂事啊！

正文社 YouTube 頻道

嘟一嘟在正文社 YouTube 頻道搜尋「#210DIY」觀看製作過程！

製作難度：
★★★☆☆

製作時間：
3 小時

## 製作方法

⚠請在家長陪同下使用刀具及尖銳物品。

材料：紙樣、A4 硬卡紙 1 張、幼飲管（直徑 6mm）2 條、粗飲管（直徑 13mm）1 條

工具：剪刀、界刀、雙面膠紙、膠水、白膠漿、打孔機、鉛筆、間尺

**1** 剪下兩個摩天輪輪體紙樣，貼在硬卡紙上，沿輪廓剪下。

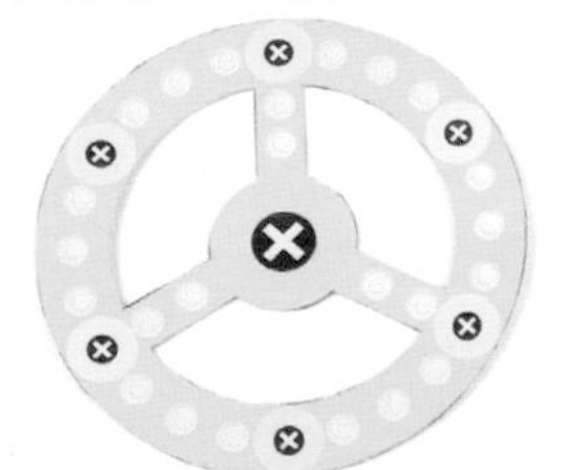

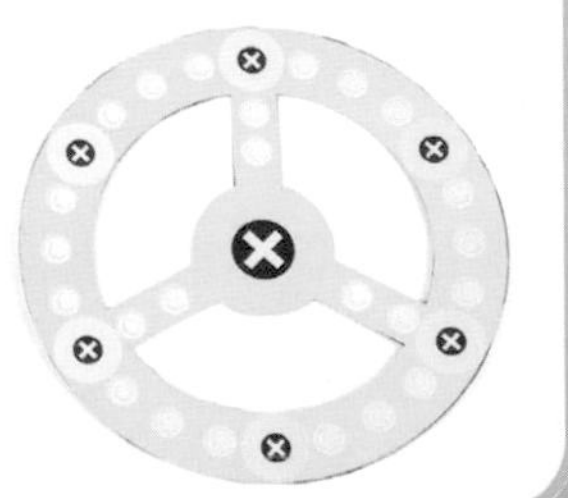

**2** 用界刀裁走綠色部分及中央開孔處，及用打孔機為外圈 6 個小孔開孔。

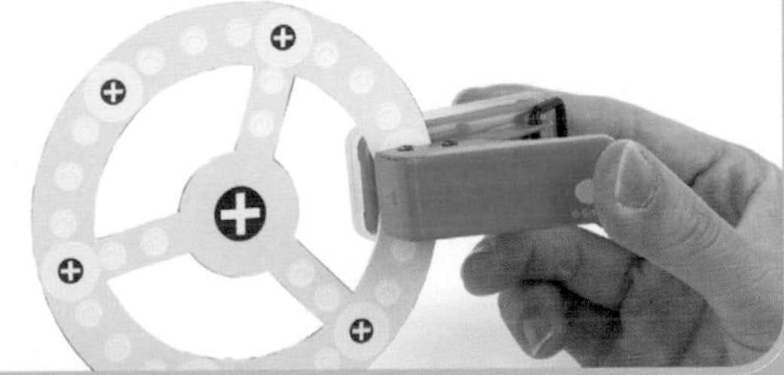

**3** 剪下座艙及座艙底部紙樣。座艙頂部用打孔機開孔，底部用鉛筆捲成微曲。

**4** 將座艙及底部結合黏好。

**5** 剪出 6 條 28mm 長的幼飲管，各在兩邊 5mm 處剪開成十字。

28mm

5mm

5mm

將飲管穿過輪體並將其中一邊十字張開。

**6** 穿上座艙及另一個輪體，再將飲管另一邊十字張開。

**7** 剪下 6 個輪體圓蓋紙樣，在背面貼上雙面膠紙，黏在輪體一面的飲管十字上。

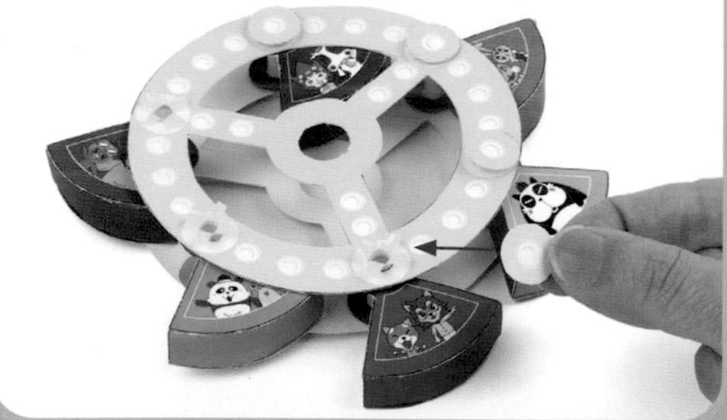

**8**

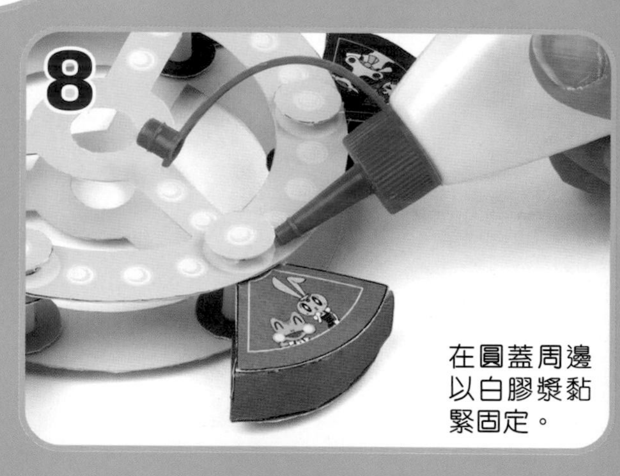

在圓蓋周邊以白膠漿黏緊固定。

**9** 翻轉輪體，重複步驟 7 及 8 。

**10** 剪下支架紙樣，貼在硬卡紙上，再依輪廓剪下硬卡紙。依圖示在硬卡紙一面畫虛線。

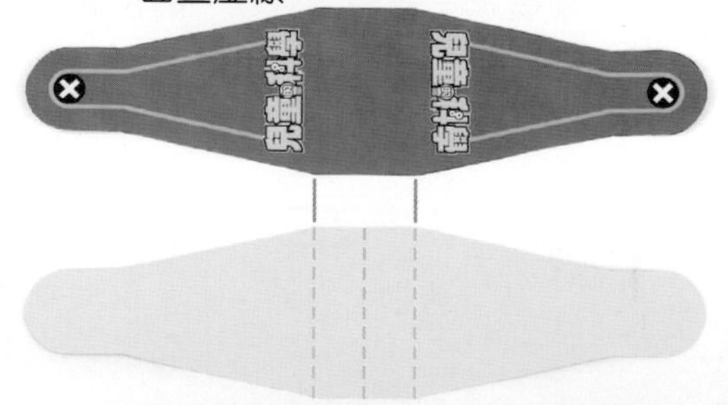

## 11

將支架藍色虛線向內摺，綠色虛線向外摺。頂端開孔。

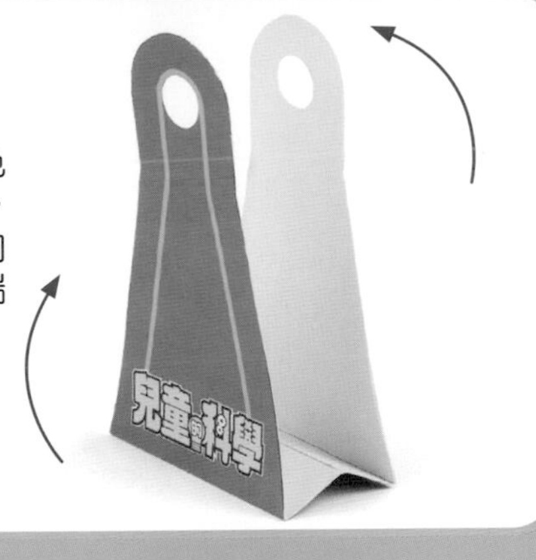


## 12

把粗飲管剪成 35mm 長，在兩邊 5mm 處剪開 6 瓣。

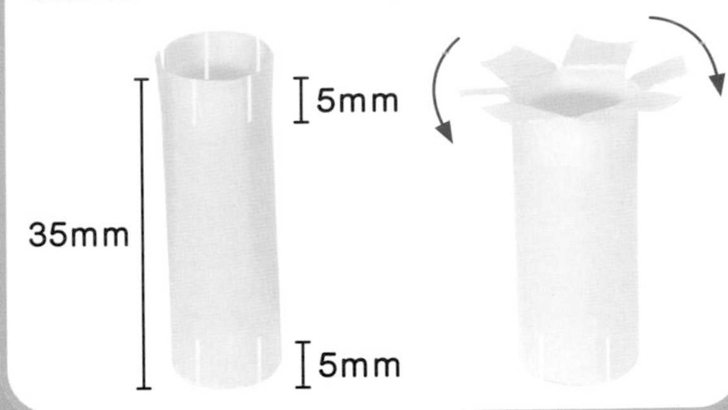


## 13

將飲管穿過支架及輪體開孔處。

## 14

剪下兩個支架圓蓋紙樣，在背面貼上雙面膠紙，黏穩飲管。

完成！

# 千奇百趣摩天輪

## 高速摩天輪

位於台灣高雄大魯閣草衙道購物中心，外觀跟一般摩天輪無異。不過，它轉一圈平均只需約 40 秒，相對於香港中環摩天輪轉一圈約 7 分鐘而言，的確十分高速。

## 無軸摩天輪

位於中國山東濰坊，座落在白浪河流入渤海灣的入海口旁，又稱「渤海之眼」，是目前世界最大的無軸式摩天輪。輪體並不會轉動，座艙是沿軌道繞轉。

## 橫向式摩天輪

位於中國廣州 450 米高觀光塔露天觀景平台外圍。它與一般的豎立式不同，沿着傾斜的軌道繞着廣州塔橫向旋轉。

# 重力式摩天輪 VS 觀景式摩天輪

摩天輪按座艙（Gondola）與輪體的連接方式，可分為兩種。

**重力式摩天輪（Ferris Wheel）**

Photo by Shinichi Sugiyama

特色：

座艙懸掛在輪軸之下，以鉸鏈連接。由於輪軸與鉸鏈可相對轉動，無論座艙轉到任何位置，都能透過重力維持平衡。

例子：

科學 DIY 的摩天輪正屬這種模式。

Photo by Geoff Henson

**觀景式摩天輪（Observation Wheel）**

特色：

座艙靠外面的 2 條環形滑軌緊抓着輪體，繞轉時以滑軌維持平衡。

例子：

英國「倫敦眼」

# 摩天輪的轉動：圓周運動

摩天輪的座艙移動時，其運行軌跡呈圓形，因此是一種「圓周運動」。而座艙的速率可用兩種方法來表示，分別是「線速率」及「角速率」。至於兩者有何分別，可用以下有兩個環的摩天輪來説明。

**線速率**

那即是平時所説摩天輪座艙移動得有多快，又稱切線速率。

A 的線速率：120 米 ÷ 12 秒
= 每秒 10 米 (10 m/s)
B 的線速率：24 米 ÷ 12 秒
= 每秒 2 米 (2 m/s)
所以，A 的線速率比 B 大。

**角速率**

那是物體在某一時間內轉動時，其角度變化得有多快。A 及 B 的座艙旋轉一圈，都是轉了 360 度，同樣需時 12 秒。

A 的角速率：360 度 ÷ 12 秒
= 每秒 30 度（30 deg/s）
B 的角速率：360 度 ÷ 12 秒
= 每秒 30 度（30 deg/s）
縱使兩者大小不一，其角速率也相同。

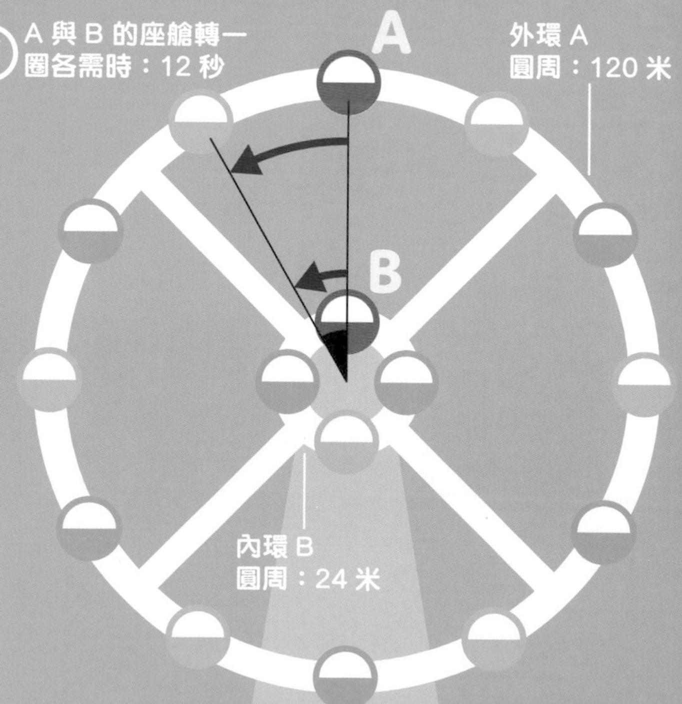


當然，現實中的摩天輪轉速不會如此快，一般都是每秒 1 米以下。

# 紙樣

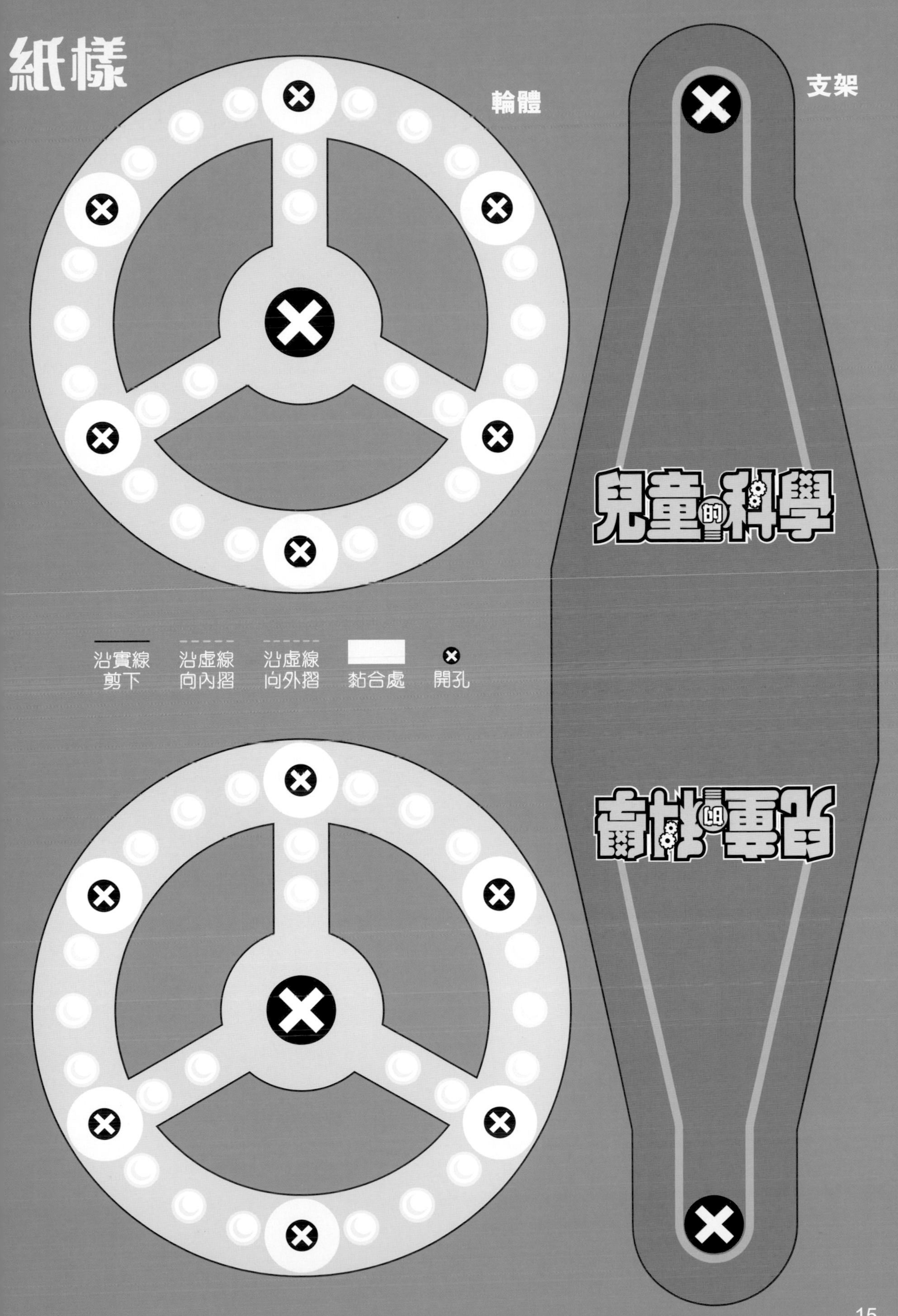

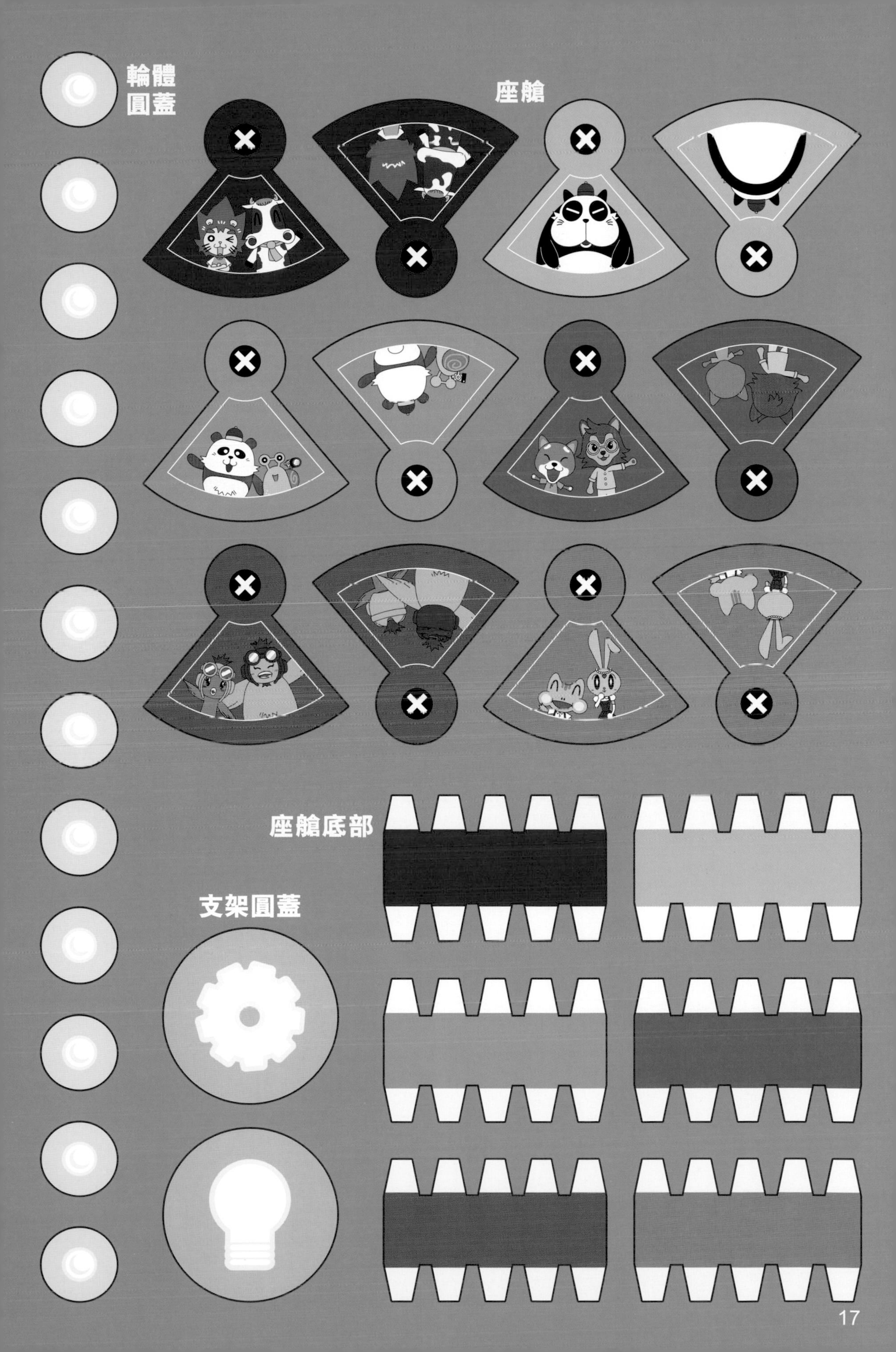
輪體
圓蓋
座艙
座艙底部
支架圓蓋

到了熊貓蔡蔡家中……

# 空氣中有大笨象？

# 房間裏的「大象」

材料：水　　　工具：玻璃盤、玻璃杯

# 無形之力從何而來？

玻璃杯中的水本身有重量，理應掉下來，令杯內水位下降，盤中水位上升，但實驗所見卻是相反。由此可見，某種力量阻止了水位下降。

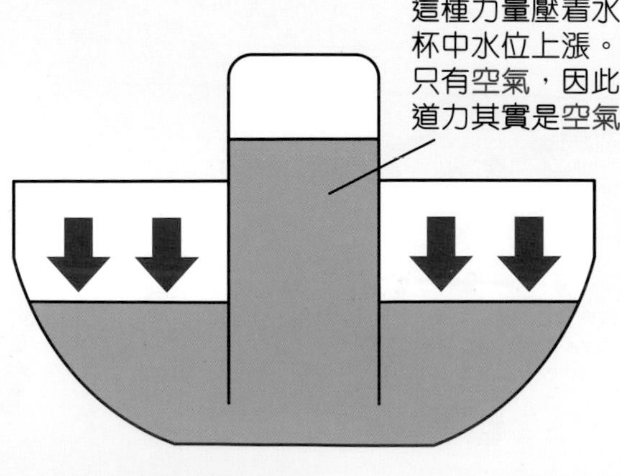

# 大氣壓力

若要描述空氣壓在其他物件上的程度，並非使用重量，而是用壓力。壓力和力的不同之處，在於前者會考慮受力面積有多大，後者則不會。

地球上的空氣容量極大，因此大氣壓力的數值也不小，每平方米足足有大約 100000 牛頓（可寫作 100000 N/m$^2$）。

假設一隻大象重 3500kg，在地球上即可換算成大約 35000 牛頓，如此推算：

100000÷35000
= 2.857142
（約等於 3）

換句話說，大氣壓力幾乎等於每平方米都被 3 隻大象踩住！

# 為何有大氣壓力？

空氣由無數粒子組成，那些粒子可四處運動，互相碰撞。當這些粒子撞到其他表面（例如實驗中的水面）時，每個粒子都會產生一道撞擊力。每道撞擊力雖微不足道，但加起來就形成十分可觀的大氣壓力。

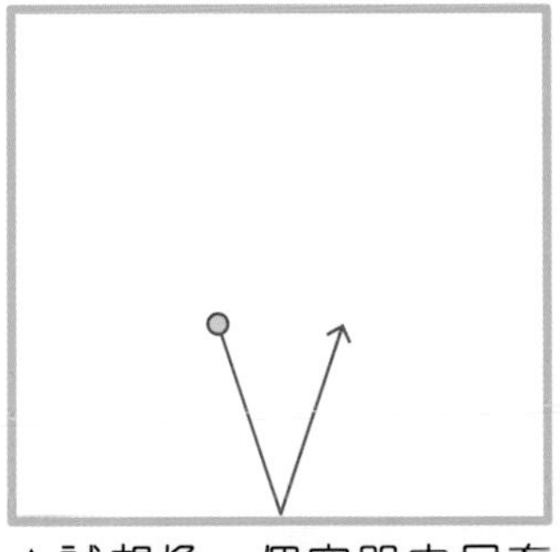
▲試想像一個容器中只有 1 個粒子，容器內壁便幾乎不受撞擊，故此壓力幾乎是 0。

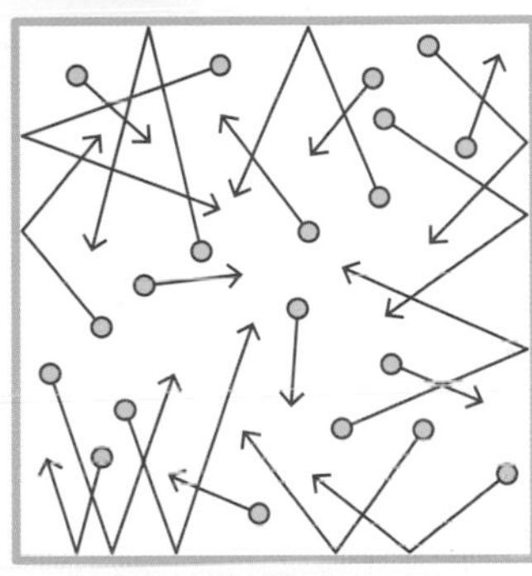
▲如果有大量空氣粒子，內壁便會時常受到大量撞擊，壓力因而較大。

# 氣壓計

那麼，科學家起初如何計算到大氣壓力有多大呢？答案就是用氣壓計。

17 世紀，意大利的埃萬傑利斯塔·托里切利（Evangelista Torricelli）將裝滿水銀的玻璃管倒插在一盤水銀中，發明了第一枝氣壓計。他還發現玻璃管中的水銀柱只會下降一點點，直至其高度大約為 0.76 米。由於科學家已知水銀的密度約為每立方米 13600 公斤，於是可計算出大氣壓力。

# 氣流「減壓」大法

我還可以操控氣壓呢。

材料：紙、A4 膠文件夾、紗網　　工具：剪刀、玻璃盤、膠紙

1 將 A4 膠文件夾修剪成兩塊 A4 膠片，將其中一個捲成圓筒 A。再利用圓筒 A 捲一個口徑較小的圓筒 B。

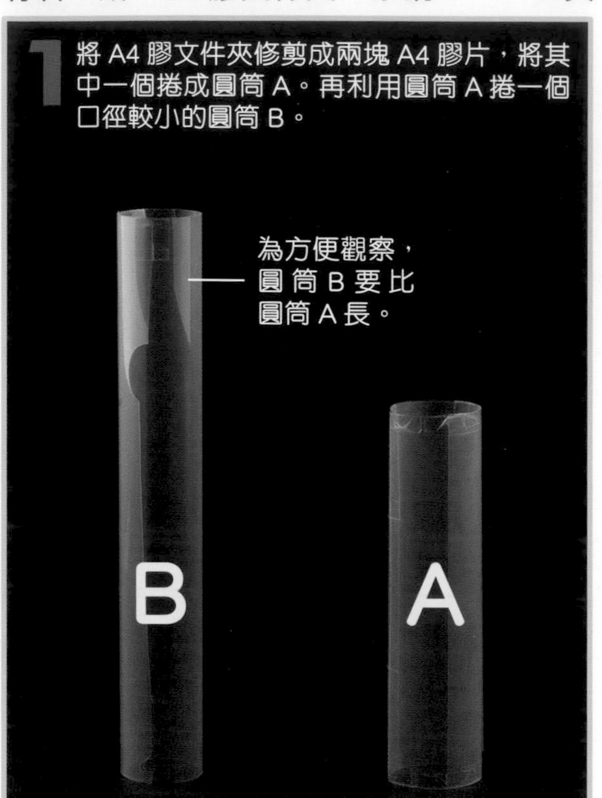


2 用一塊紗網蓋住圓筒 B 的開口，再塞進圓筒 A。

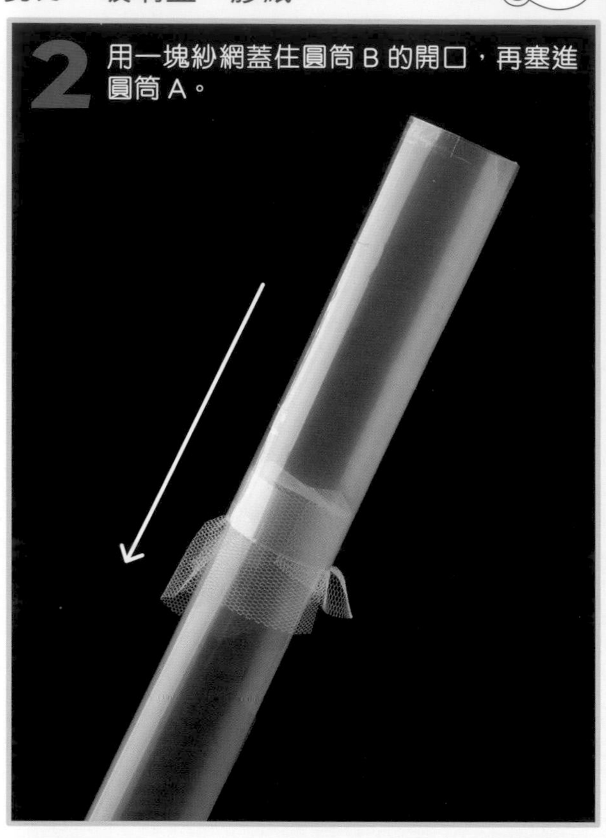

3 剪一堆紙碎，放在一玻璃盤中，然後將已組合的圓筒放在紙碎上方。

4 用風筒橫吹圓筒頂，並調節風筒及圓筒與玻璃盤的空隙，直至……

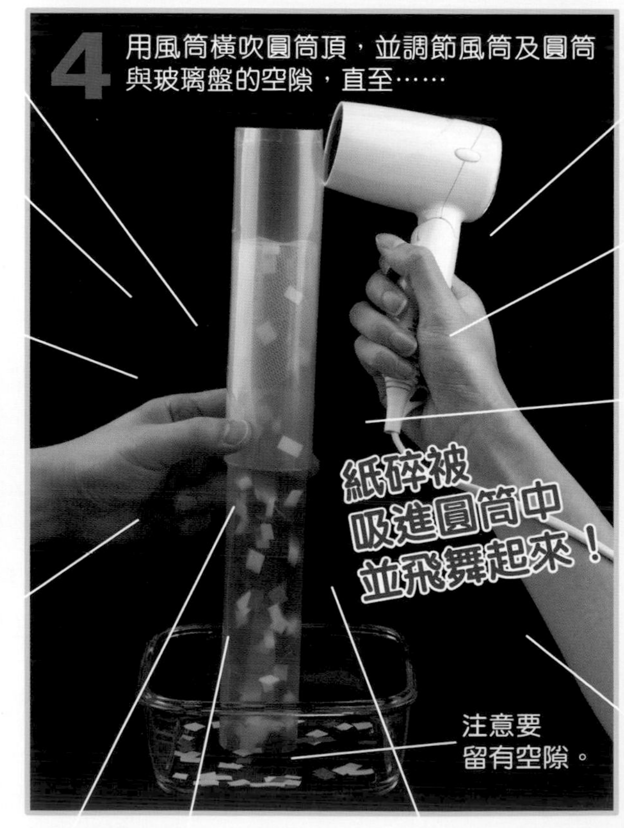

# 紙碎為甚麼被吸進圓筒？

雖然在紙筒外頂端的氣流並非吹進圓筒內，卻會令圓筒內產生向上的氣流。

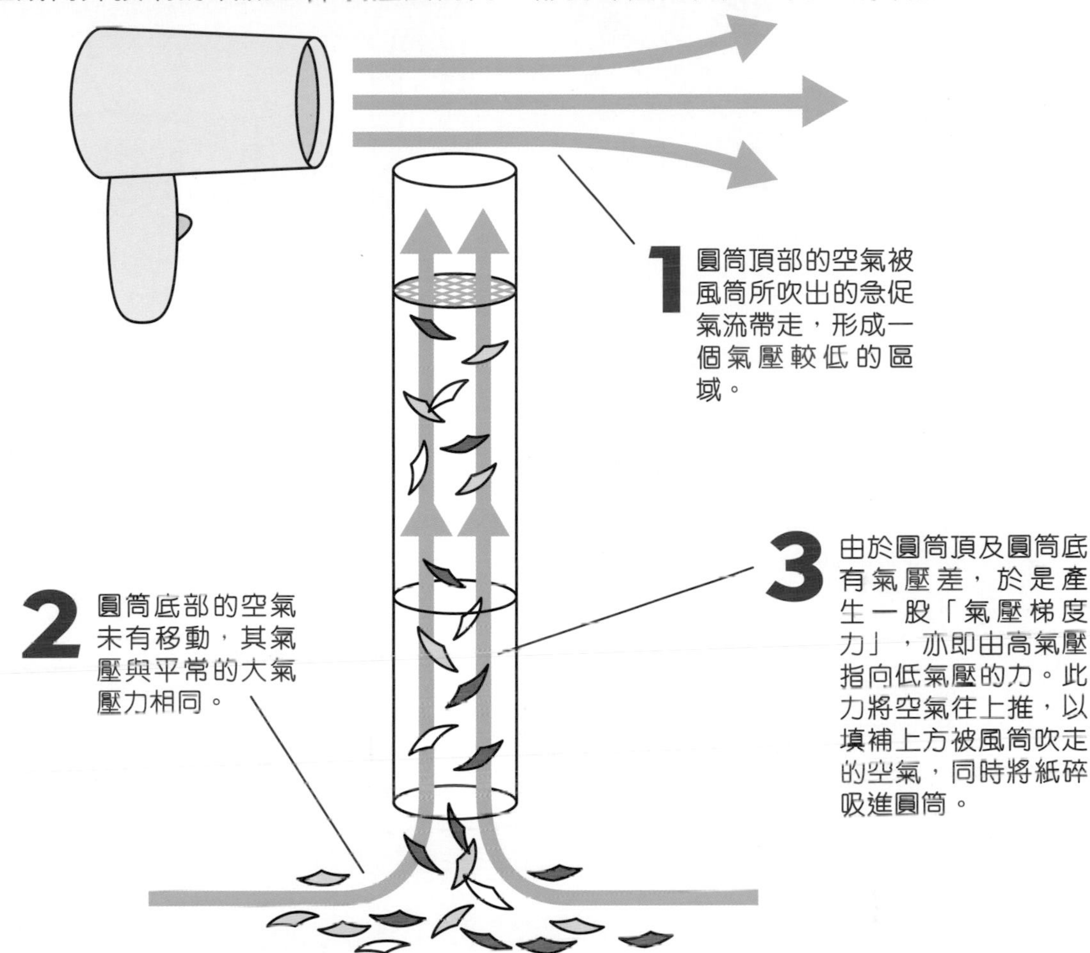


# 動態壓力與靜態壓力

流體學上，氣壓由「靜態壓力」及「動態壓力」構成，前者是流體靜止時的壓力，後者則是流動時產生的壓力。這兩種壓力跟我們日常生活息息相關。

▲例如要設定月台上黃線的位置，就須將列車行駛時氣流所引起的動態壓力考慮在內，避免月台上的人被吸向仍高速前進的列車。

# 讀者天地

不知道蛋糕在顯微鏡下是甚麼樣子的呢？

**方昕**

謝謝你的小貓摺紙和我的畫像！看得出很用心呢！

**呂亦初**

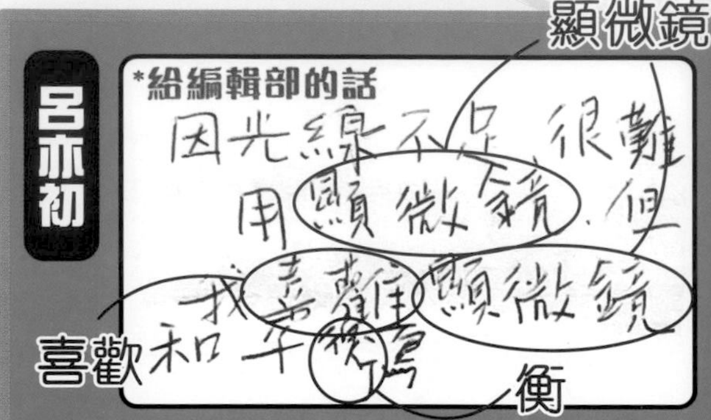

因為 100 倍其實已算是較大的放大率，需要較強的光源，使用陽光會比較方便。另外要注意調校反射鏡。

**蕭學談**

*給編輯部的話

雖然很辛苦，但成功爬完繩網很有滿足感吧，聽你這麼說我也想去玩！這個猴子耳朵的人像是誰？

**李易安**

*給編輯部的話

數學偵緝室的兩本單行本已出版了，分別是《犯罪說明書》和《神探小兔子》呀。

**劉致靈**

*給編輯部的話

這是使用顯微鏡常會出現的情況。當眼睛靠得非常接近時，目鏡會將睫毛的影像反射。只要眼睛稍微距離目鏡遠一些，就能改善。

**何浚韜**

*給編輯部的話

那笨蛋大概不知道宇宙巡邏隊有他的罰款記錄吧！

## 其他意見

我覺得今次的顯微鏡十分有趣，可以看到不少物料放大後的樣子。我非常期待下次的實驗啊！ **蔡昕諾**

這次的科學 Q&A 好有趣 原來咖啡加鹽會令咖啡更好喝 😊 **Allyssha Chan**

**福爾摩斯** 精於觀察分析，曾習拳術，是倫敦最著名的私家偵探。

**華生** 曾是軍醫，樂於助人，是福爾摩斯查案的最佳拍檔。

深夜，孤兒院的大房就像一個偌大的**集中營**，數十張棺材似的匣子床整齊地排列在牆壁的兩旁，裏面躺着的全都是五至八歲不等的小童。他們出身各異，但有一點是共通的，那就是——都是被父母遺棄的**孤兒**。

這時，「**噹**……**噹**……**噹**」的響起了鐘聲，已是11點了。

突然，一個小童在床上翻了一下身。接着，他悄悄地抬起頭來，看了看睡在鄰床的**小麥**。

呼嚕……呼嚕……呼嚕……呼嚕……

小麥發出了輕輕的鼻鼾聲，睡得很香。

「嘿，給院長狠狠地揍了一頓，本來已哭得**死去活來**的呀，沒想到現在竟睡得像死豬一樣。」小童心中暗笑，「也好，他睡着就不礙事了。」

想到這裏，小童悄悄地跨過床框的圍板下了床，並**不動聲色**地光着腳丫子走到每張床的旁邊，逐一確認室友們的動靜。幸好，他們和小麥一樣，除了發出輕輕的鼻鼾聲外，全都靜悄悄的，看樣子都熟睡了。

「嘿，睡吧、睡吧。千萬不要醒啊。」小童彷似唸着咒語似的，心中興奮地低吟，「我**小布**今晚要狠狠地**大幹一票**，不成功不罷休！」

「差點忘了。」小布想起甚麼似的，回到小麥的床邊蹲下，並從口袋中掏出一根**小鐵絲**，像穿鞋帶般把鐵絲穿到兩個**鞋帶孔**上，「嘿，這樣的話，小麥這笨蛋就不會常常因為掉鞋子而受罰了。」

為小麥弄好鐵絲鞋帶後，他**躡手躡腳**地走到門旁豎起耳朵細聽。當肯定走廊外沒有動靜後，就悄悄地打開門走了出去。

藉着窗外透進來的月光，小布走過幽暗的長廊，去到走廊盡頭的一個房間前面。他舉頭瞥了一眼釘在門上的名牌，心中不禁打了個寒顫。

「**院長室**」——一個好莊嚴的稱號啊！小童們在這裏走過，都會放輕腳步急急遠離。他們知道，要是被大胖子院長碰見的話，就注定倒霉。他會**不問情由**地賞你一個耳光，心情不佳時，更會一手抓住你的腦瓜子往牆上撞去。小布有一次躲避不及，就曾被撞得**頭破血流**。

「**咔嚓**」一聲，小布擰了一下門把，順利地打開了院長室的門。

「哈！竟然沒上鎖，太幸運了！」他心中大喜，趕忙躡手躡腳地潛了進去。

這裏對小布來說是個熟悉的地方，每次他犯了事，都會被抓進來吃一頓「**藤條焖豬肉**」。不過，生性機敏的他在被抽打時已把室內的擺設都一一記住。那個放在辦公桌上的**大玻璃瓶**特別惹人注目，因為，裏面放滿了令人**垂涎欲滴**的曲奇餅呀。

「豈有此理！打吧打吧！我一定要偷幾塊來吃！」小布在屁股被院長打得開花時，心中已發下「**毒誓**」。

他竄到期待已久的玻璃瓶旁邊，用力地擰開了瓶蓋，迅速抓了一塊曲奇餅叼在唇邊。接着，他又伸手進瓶中抓多了兩塊，並馬上把瓶蓋蓋上。他知道，一下子偷太多，可能會被**生性多疑**的院長發現，到時麻煩就大了。

「嘿！臭院長，知道我的厲害了吧！」他一屁股坐在院長的大班椅上，翹起了二郎腿，正要用力咬一口曲奇餅自我陶醉地**耀武揚威**之際，突然，走廊外響起了兩個人說話的聲音。小布驀地一驚，慌忙走到門邊細聽。

「**糟糕！**」小布聽到門外的說話聲愈來愈近，其中一個更是院長那獨特的沙啞嗓音。

大驚之下，小布立即退到辦公桌的後面，並慌忙鑽到桌下躲起來。

「**咔嚓**」一聲，房門被打開了。

「**盧埃林先生**，請進來談吧。」院長的聲音闖進小布的耳窩。接着，房間就亮起來了。看來，院長已點着了煤氣燈。

「其實沒甚麼好談啊。」一個男聲說，「總之，三成**回扣**是少不了的，否則怎能為你爭取更多**撥款**

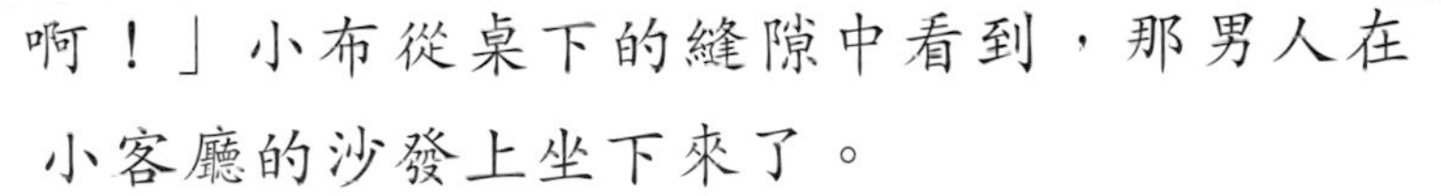

啊！」小布從桌下的縫隙中看到，那男人在小客廳的沙發上坐下來了。

「但一向都只是兩成呀。你知道，這年頭物價漲得很厲害，經營這所孤兒院的成本可不輕啊。」院長在那男人對面坐下來。

「成本輕重，是看你的經營方法啊。」那男人說，「撥款是按**人頭**計算的，你多收容幾個孤兒不就能**增加收入**嗎？」

「哎呀，多收容的話，**支出**也會相應增加，幫不了多少忙啊。」從聲音聽來，小布已想像得到院長那張裝出來的苦臉。

「你怎會那麼不懂變通啊。」那男人一頓，忽然壓低嗓子說，「多收一些孤兒，然後減少一些**草蓆**不就行了嗎？」

「**減少草蓆？**」院長好像並不明白。

「對，減少草蓆。」那男人的聲音不知怎的，聽來冷冰冰的，彷

似透出了一股**寒氣**。

「啊……」院長好像明白了。

小布心中暗罵：「我們睡的那些草蓆又**霉**又**爛**，扔掉也沒人稀罕呢。」

然而，小布此時並不知道，這場對話已悄悄地掀起了一陣**腥風血雨**，他和孤兒們的命運，也將會從此改寫……

「華生，這場**演奏會**我期待已久，是要託朋友才買到票的啊！」福爾摩斯伸長雙腿，坐在火車的頭等房內，輕輕地吐了一口煙說。

「只有你這種**音樂狂**才會專程乘火車去音樂會，要不是你硬要我陪你來，我才沒有這個閒情呢。」華生沒好氣地說。

「哎呀，人不能只是工作不休息呀，去聽聽音樂放鬆一下，對你的健康也有好處呢。」

這時，火車剛好開上一條鐵橋，發出了「**隆隆**」巨響。

華生看到福爾摩斯的嘴巴仍在動着，但在橋上行駛的火車實在太吵了，他完全聽不到老搭檔在說甚麼。

「喂，你的嘴巴剛才**張張合合**的，究竟說了些甚麼？」在駛過鐵橋後，華生問。

「我是說——」

**嘭嘭嘭嘭！**

突然，一陣急促的**撞門聲**打斷了福爾摩斯的說話。

「唔？好像有人在撞門，難道有事發生？」福爾摩斯一躍而起，拉開趟門走了出去。華生也連忙跟上。

兩人走到門外一看，只見一個穿着制服的**胖車掌**站在走廊上，正用力地撞2號房的門，看他那副**氣急敗壞**的樣子，看來房中發生了甚麼事故。

福爾摩斯和華生急步走近，並通過門上的玻璃窗往內看去。

「**啊！**」華生不禁倒抽一口涼氣。

房內有個年輕女子，她**驚恐萬狀**地縮在左邊靠門的座位角落。這也難怪，因為靠向車窗兩邊的座位上分別軟癱着一個**老紳士**和一個**老女人**，兩人耷拉着腦袋，額上都有個淌着血的**彈孔**，看樣子已死了。

「不知怎的，沒法拉開這趟門，請幫忙把門撞開吧！」胖車掌叫道。

「先別急！」福爾摩斯制止了車掌的妄動，他往門邊看了看，發現有條約**1吋大的縫隙**，於是把前掌伸進去用力地拉。可是，趟門仍然**紋絲不動**。

福爾摩斯退後一步，看了看趟門左下方的門軌，馬上眼前一亮：「原來被**楔子**卡住了！」

華生伸過頭去看，果然，一片木楔子卡住了趟門的底部。

福爾摩斯蹲下來，用力把楔子拔出，然後「**咔嚓**」一聲就把趟門拉開了。

房中的年輕女子看到門開了，慌忙撲到福爾摩斯懷中，崩潰似的哭了起來。

「華生。」福爾摩斯往房內的兩個死者瞄了一眼。

華生意會，馬上**小心翼翼**地走了進去，並用手指頭探了一下兩人的頸動脈。可是，指頭上完全感應不到**脈搏的跳動**，他只好向福爾摩斯搖搖頭說：「已死了。」

這時，**1號房**內傳來了用力的拍門聲。

「唔？難道那個房的門也被卡住了？」福爾摩斯說。

「我去看看！」胖車掌說罷，立即走了過去。

「真的也卡住了！」胖車掌說着，想蹲下來拔出楔子。

「**別動！**」福爾摩斯馬上喝止，「向裏面的人說這邊發生了命案，暫時不能離開房間。」

胖車掌明白，慌忙大聲轉述了福爾摩斯的意思。

就在這時，從另一頭的**6號房**中，有**3個婦人**聞聲走了出來，年紀最大的一個大聲問：「發生了甚麼事嗎？」

「發生了命案，兇手還沒抓到，你們不要出來，快回去把門鎖上！」福爾摩斯以嚴峻的聲調下令。

「**啊！**」老婦人不禁**掩嘴驚叫**，慌忙拉着兩個年輕的女人退回房內。就在這時，「隆隆」聲遠去，代之而起的是「**嘰**」的一下刺耳的聲音響起，火車隨即急劇地震動了一下，速度也突然慢了下來。

「是刹車！」驚魂未定的胖車掌說。

「現……現在該怎辦？」胖車掌**六神無主**地向福爾摩斯問道。

「3號和4號廂房沒有動靜，是不是沒有乘客？」福爾摩斯問。

「**4號廂房**一直**空**着，沒有乘客。**3號廂房**本來是有2名男乘客的，但他們都在**中途下了車**。」

「那麼，你是從後面的三等卡走過來的，還是從前面的卧鋪卡走過來的？」

「我是從**三等卡**走過來的。」

「你來這一卡時，有沒有看到有人走進三等卡？」

「沒有。為了不讓三等卡的人走過來打擾頭等卡的乘客，兩卡之間的門是**上了鎖**的。」

「這麼說來，兇手不能逃到三等卡。那麼，你馬上去通知**卧鋪**

卡的車掌，叫他鎖住所有車門，不准任何人下車！還有，要確認一下在火車**過橋時**或**過橋後**，有沒有人從這一卡走到卧舖卡去！」

「好的，我馬上去！」胖車掌轉身就走。

華生知道，福爾摩斯推測兇手可能仍在車內，必須**先發制人**，在車速減慢之前鎖上門，令兇手不能跳車逃走。

「小姐，請問你叫甚麼名字？」福爾摩斯向仍在哭着的年輕女子問道。

「我……姓**布斯**……」年輕女子顫動着嘴唇說。

「華生，你照顧布斯小姐一下，我到其他廂房看看。」福爾摩斯說着，先走到最近的洗手間和1號房看了看，並向房內做了幾個手勢，叫房內的人**稍安毋躁**。接着，他又掉過頭來，走進沒有人的3號和4號房檢查了一下，然後再走到有3個女乘客的6號房，叫對方打開門後走了進去。不一刻，他又退了出來，走進隔壁的洗手間看了看後，才急步走回來。

「**怎樣？**」華生緊張地問。

福爾摩斯沒有回答，只是打開一扇車門，把頭伸出去往**左右兩邊**看了看，然後又縮回來說：「車卡外雖然黑，但透過車窗的燈光，仍可看到**沒有人**。」

「你懷疑兇手躲在車卡外？」華生訝異。

「對，兇手沒法藏身於車內的話，一定會想辦法抓住車卡外凸出的東西躲到外面去，待車速減慢後就伺機跳車逃走。」福爾摩斯說，「剛才我在檢查3號和4號兩個空房時，也打開門看了看，那一側的車卡外也**沒有人**。」

就在這時，胖車掌**匆匆忙忙**地從卧舖卡走回來報告：「那邊的車掌非常肯定，過橋時和過橋後都沒有人從這個頭等卡走過去。」

「那麼，兇手就仍在車內了。」華生有點不安地問，「1號和6號房都有乘客，他們**可疑**嗎？」

「1號房有4個**坐立不安**的男人，我看到車窗上的**剎車繩**被拉鬆了，看來是他們拉繩剎車的。6號房的是3母女，她們知道發生兇案後，已被嚇得**面無人色**了。」福爾摩斯說，「不過，這些乘客是否可疑，仍要仔細調查和分析才能肯定。」

就在這時，火車的速度愈來愈慢，看來快要停下來了。

「華生，待火車停下來後，你留在車上照顧布斯小姐。」福爾摩斯說，「我和車掌下車**守住列車的左右兩邊**，不准乘客下車。」

說罷，福爾摩斯正想轉身開門下車之際，突然，有兩個人急匆匆地從卧鋪卡那邊跑過來。他定睛一看，發現來者不是別人，竟是我們熟悉的蘇格蘭場孖寶幹探——**李大猩**和**狐格森**！

「你們怎會在這裏的？」福爾摩斯訝異地問。

「這個問題應該我來問才對呀！」李大猩**粗聲粗氣**地說，「我們那邊的車掌說這兒發生了命案，當然要走過來看看啦。」

「真倒霉，本來是出差去**格拉斯哥**查案的，沒想到乘火車也會碰到兇殺案！」狐格森看了看2號房內的兩個死者，不禁「**嘖嘖嘖**」地咂咂嘴說，「哎喲，還死了兩個人！太不走運了！」

「傻瓜！查案是我們的**天職**，哪有走不走運的！」李大猩罵道。

「別**大義凜然**似的，剛才你睡得像死豬一樣，我說發生命案時，你還賴在床上不肯起來呢！」狐格森**不甘受辱**地反擊。

「哎呀，別吵了。」福爾摩斯連忙制止，「兇手可能會**下車逃走**，我們爭取時間查案要緊！」

「甚麼？兇手還在嗎？」聞言，李大猩大吃一驚。

「他在哪？讓我去抓他！」狐格森慌忙把腰間的手槍拔出。

「**稍安毋躁**，我只是說可能罷了。」說完，火車剛好停定了，福爾摩斯就叫狐格森與車掌從3號房下車監視**列車的右邊**，他則拉着李大猩打開走廊左邊的一扇門，下車監視**列車的左邊**，看看有沒有可疑的人下車。

過了20分鐘左右，福爾摩斯和孖寶幹探又回到車廂來。

「怎樣？找到可疑的人嗎？」華生緊張地問。

「沒找到，兇手可能已**跳車逃走**了。」福爾摩斯搖搖頭說。

「**不可能！**」李大猩一口否定了大偵探的看法，「火車過橋時不能跳車，過橋後路軌左右兩邊都佈滿碎石，跳車的話必會摔斷腿。車停定後，我們已馬上下車監視，兇手絕不可能在我們的眼皮下逃脫！」

「不，兩分鐘，兇手有**兩分鐘**時間逃走。」

「兩分鐘？哪來兩分鐘？」狐格森問。

「本來，我和胖車掌在火車尚未停定時打算下車監視的。」福爾摩斯說，「可是，你們兩位卻突然出現，又吵嚷了一會，**耽誤**了我和車掌兩分鐘時間。其間，兇手已有足夠時間跳車，並隱沒在黑暗之中了。」

「這只是你的推測罷了。」李大猩不服氣地說，「以我看來，兇手一定還在這列**火車內**。而且……」說到這裏，他以懷疑的眼神看了看站在華生旁邊的**布斯小姐**。

「啊！」華生暗地吃了一驚，「難道……難道他懷疑布斯小姐？」

福爾摩斯向華生遞了個**眼色**，然後**若無其事**地向孖寶幹探說：「胖車掌已往前面的車站報警去了。趁這段時間，不如逐一查問一下頭等卡內的所有乘客吧。好嗎？」

「嘿嘿嘿，當然好。」李大猩**不懷好意**地摸摸腮子的鬚根說，「我看嘛，說不定……兇手就**藏**在這些乘客當中呢。」

「**有道理、有道理。**」狐格森也摸了摸下巴，難得地同意李大猩的看法。

「那麼，狐格森探員，你辦事最仔細，麻煩你搜查一下兩個死者，看看他們身上有甚麼線索。」福爾摩斯吩咐，「我和李大猩帶布斯小姐到4號房去，查問一下案發時的情況。華生守在走廊上，不要讓人走進這卡車廂來。」

「好呀。」狐格森聽到大偵探的稱讚，馬上就答應了。

「我的全名叫布萊爾·布斯，在尤斯頓上車，坐在2號房近走廊的位置上。」布斯小姐坐下來後，**猶有餘悸**地說，「在開車前幾分鐘，一對**老夫婦**走了進來，在靠窗那邊面對面地坐了下來。」

「你知道他們是誰，和要去哪裏嗎？」福爾摩斯問。

「我們閒聊了一會，知道他們姓**盧埃林**，要去格拉斯哥看表演。」布斯小姐說完，馬上又更正，「不，準確地說的話，應該是去聽音樂演奏。」

「甚麼？」福爾摩斯訝然，不期然地往站

在門口的華生瞥了一眼。

華生心想：「太巧合了，我們不也是去聽音樂演奏嗎？」

「知道是甚麼音樂會嗎？」福爾摩斯問。

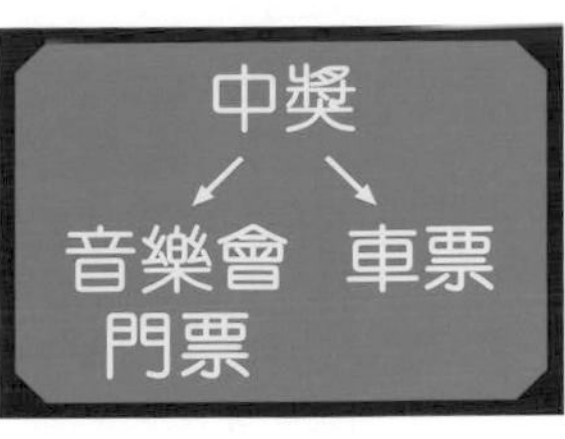


「不知道。」布斯小姐搖搖頭，「不過，聽他們說，音樂會的門票是**中獎**得來的，連這個頭等卡的車票也是**中獎**附送的。」

「竟有這樣的事？」李大猩懷疑，「不但送門票，還送車票？」

「對，盧埃林先生還說很喜歡聽**小提琴**演奏，運氣實在太好了。」

「那麼，你們坐下來後，有沒有人到過你們的廂房？」福爾摩斯問。

「這個……我記得，除了剛才那位車掌來檢查過一下車票外，並沒有人進過我們的廂房。」布斯小姐努力地回憶，「我和盧埃林夫婦也沒離開過房間。後來，盧埃林先生說有點睏，問我可不可以**拉上窗簾**。我說可以，就把**靠走廊的窗簾**拉上了。接着，我很快就睡着了。」

「你睡着之前，有沒有把房門扣上？」福爾摩斯問。

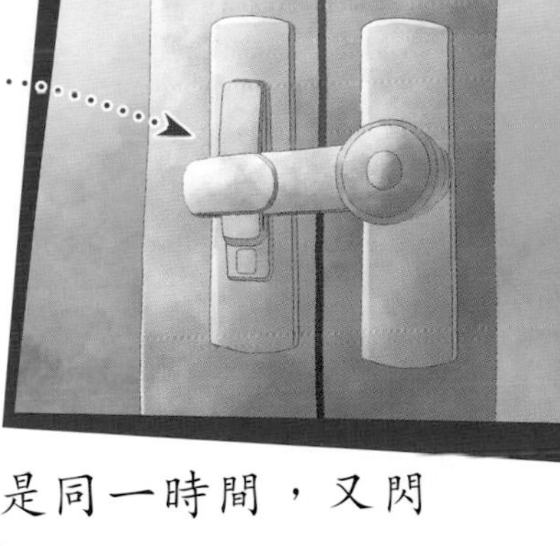

「有，我拉窗簾的時候，順便把門也**扣**上了。」布斯小姐想了想，繼續說，「不過，在過橋的時候，我被吵醒了。然後，看到近膝蓋附近的位置閃了一下，又聽到『**砰**』的一聲。幾乎是同一時間，又閃了一下，和再次聽到『**砰**』的一聲。」

砰

砰

「**槍聲！肯定是槍聲！**」李大猩有點興奮地說。

「當時，我沒想到是槍聲，不過……」

「不過甚麼？」福爾摩斯追問。

「不過，我聞到一股**煙硝的氣味**，就馬上想到是槍聲了。」

「然後呢？」

「然後，我發見……盧埃林夫婦的**額角**上……都開了一個……一個**洞**……」說到這裏，布斯小姐的雙眼又紅了起來。

「接着？」

「接着，我……我被嚇得**不能動彈**……過了一會，我才知道要開門求救。可是……可是不知怎的，卻無法拉開趟門……於是，我只好拉開窗簾，正想用力**拍窗求救**時，就看到車掌經過。他馬上看到廂房內的情況，但也無法拉開趟門，接着就用力地**撞門**了……」

「明白了。」福爾摩斯點點頭，「然後，我和華生醫生就在門外出現了。對吧？」

「是的。」

「**嘿嘿嘿，好完美的故事。**」李大猩冷冷地笑道，「簡直就像寫小說那樣，把整個犯案過程都編得像小說般完美呢。」

「**編小說……？**甚麼意思？」布斯小姐驚訝地問。

「不是嗎？」李大猩突然喝道，「你拉上窗簾，是為了**避免有人目擊案發經過**。你扣上門扣，是為了**方便行兇**，以免被人撞破。你卻把這些說成是自然而然地發生似的！你可以騙其他人，卻騙不了我！」

「不！這些都是真的，我沒有騙你！」布斯小姐驚恐地反駁。

「**哼！**在密室之中，外來的兇手又如何殺人？殺人後又如何**人間蒸發**？」李大猩繼續喝道，「只有你才有這個本事。因為，你與死者夫婦同處一室，要把他們殺掉**易如反掌**。此外，你裝成受害者的話，就沒有必要逃走。這一招實在太厲害了！只要人們不懷疑你，你這個兇手明明人在眼前，卻又像人間蒸發似的，在空氣中**消失**了。」

「可是，我們看到布斯小姐時，廂房的趟門被一塊**木楔子**卡住了。」福爾摩斯提出質疑，「換句話說，案發時她已被**反鎖**在房內。一個被反鎖的人，又如何跑到房外，用**楔子**卡住自己的趟門呢？」

「**這！**」李大猩被問得一時語塞，但想了想馬上又說，「**幫兇！**一定是有幫兇把楔子卡住趟門，製造出她被反鎖在房內的假象！」

「是嗎？那麼，那個幫兇呢？他在哪？我和你一起下車監視時，不是跟你說過嗎？**三等卡**的人無法進入這個頭等卡，而案發時**卧鋪卡**也沒有人走進這一卡車。何來幫兇呢？」

「這個嘛……」李大猩想了想，突然眼前一亮，**自鳴得意**地說，「嘿嘿嘿，我實在太聰明了！不是兇殺的話，就一定是**自殺**！」

「自殺？」福爾摩斯呆了一下。

「沒錯！這是宗自殺案！死者夫婦為了**雙雙自殺**，一人開槍把伴侶殺了，然後再朝自己的頭開槍！」

下回預告：究竟是兇殺還是自殺？福爾摩斯在得悉男死者是倫敦福利局的高官後，逐一向頭等卡內的乘客查問，終於找出了線索！

## 更正啟事

本刊第209期中的「大偵探福爾摩斯 科學鬥智短篇」p.36的「人體小知識」中，提到「如體重60公斤，頭部就約重10公斤。頸椎連同四周的肌肉，必須能支撐起10公斤的重量」。此為筆誤，文中兩處的「10公斤」應為6公斤。特此更正，並謹此致歉。

《兒童的科學》編輯部

**①支撐頭部**——頭部約佔人的體重的十分之一，如體重60公斤，頭部就約重10公斤。頸椎連同四周的肌肉，必須能支撐起10公斤的重量。

6公斤

innocarnival.hk

**地點** 香港科學園
**日期** 2022年10月22日至30日
**時間** 星期一至五 10:00 - 17:00
星期六及日 10:00 - 18:00

**來到10月，一年一度的科普盛事「創新科技嘉年華」要開始了！今年的主題是「創科力量 夢想啟航」（Innovation & Technology empower our dreams），線上及線下均設有多項精彩活動，展示「香港製造」的科技成就。**

**此外，主辦機構特設互動遊戲區，考驗參加者的本領。所有活動費用全免！大偵探福爾摩斯更會隨時現身，看到他的話就不要錯過與他合照啊！**

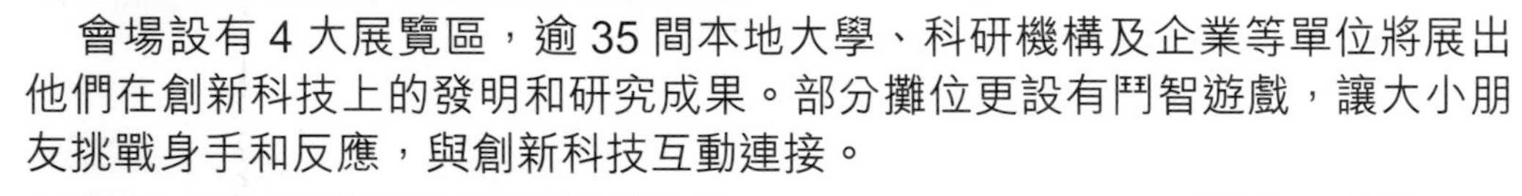

會場設有4大展覽區，逾35間本地大學、科研機構及企業等單位將展出他們在創新科技上的發明和研究成果。部分攤位更設有鬥智遊戲，讓大小朋友挑戰身手和反應，與創新科技互動連接。

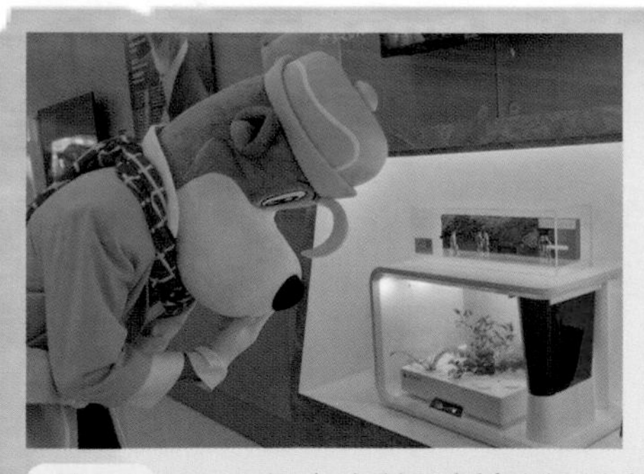

**藍區** 呈現智慧城市技術的最新發展，包括5G技術、3D打印技術、道路安全、公共服務、建設及教學軟件等。還會展示多項本地學生在科學比賽中獲獎的創意科學發明品和研究項目。

**紅區** 多個政府部門、本地科研中心及科研機構示範如何把創新科技融入日常生活中。

**黃區** 展示如何透過創新科技推動及改善醫療、生物科技、復康服務以至製衣工業等發展。

**綠區** 多家本地大學及教育機構展出最新科研發明和研究項目，包括STEM教學軟件、生物醫學、記憶訓練、環境保護、癌症治療等。

到場參觀的朋友，更有機會獲得精美活動紀念品！

年曆扇

A4文件夾

帆布袋

萬花筒

**尚有更多……**

大會將安排免費穿梭巴士於大學、大圍、九龍塘及金鐘港鐵站接載市民前往會場。

詳情請瀏覽網址 innocarnival.hk

## 線上活動焦點推介

### 線上工作坊
### AI 助你成為遊戲達人

對象：小四至中三

有試過因遊戲難度太高而久久未能過關嗎？不妨使用人工智能協助吧！這個工作坊講述現代人工智能的原理及應用。同學更能嘗試使用機器學習，設計和訓練出屬於你的「AI 遊戲達人」！

### 線上講座
### 壯志凌雲：人工智能

講者：吳彥琳博士
（香港天文台科學主任）
對象：公眾

隨着人工智能理論和技術日趨成熟，分析氣象大數據的效率大幅提高。香港天文台如何把握人工智能的發展機遇呢？此講座將會介紹人工智能在支援和增強航空氣象服務方面的應用。

### 線上講座
### 在大偵探福爾摩斯小說中活用 STEM

講者：厲河　對象：公眾

《大偵探福爾摩斯》作者厲河先生將會講解如何把科學元素帶入福爾摩斯的世界中，創作出扣人心弦的偵探故事！

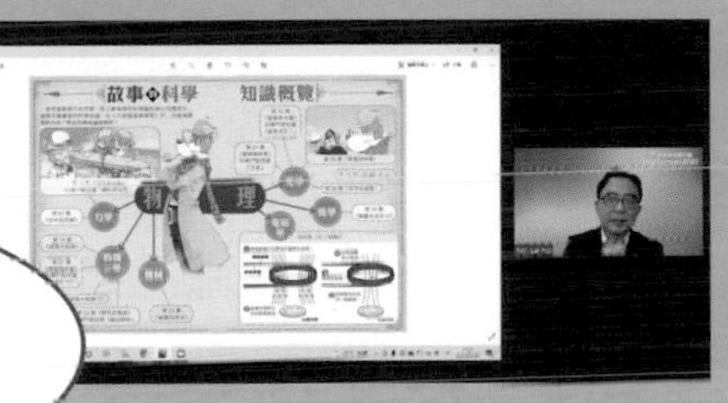


注意部分活動須預先登記，名額有限，先到先得。

## 免費下載

登入「創新科技嘉年華 2022」的網址（見下方 QR Code），可免費下載 WhatsApp Sticker 及《拯救大作戰 金屬的秘密》故事，內含科學原理及小遊戲！

WhatsApp Sticker

《拯救大作戰 金屬的秘密》

# 開心禮物屋 藝術創意大集合

**參加辦法**
在問卷寫上給編輯部的話、提出科學疑難、填妥選擇的禮物代表字母並寄回，便有機會得獎。

**A** 1名
## 魔幻仙子燈泡
加上各種裝飾，造出夢幻般的小夜燈！

**B** 1名
## LEGO Creator 3in1
**31111 科網無人機**
無人機、機械人或踏板車任你自由拼砌！

**C** 1名
## 蘇菲的奇幻之航 ❶ & ❷
與聰明勇敢的蘇菲出航，經歷奇幻冒險旅程！

**D** 1名
## 鬼口水製作工具包
讓你自製隨意變形的鬼口水！

**E** 1名
## 四字成語 101 ❶ & ❷
收錄《大偵探福爾摩斯》中出現的成語，還附有小遊戲！

**F** 2名
## 星光樂園 神級偶像 Figure
一套三個可愛精緻Q版人偶。

**G** 1名
## 大偵探福爾摩斯漫畫版 ❹ & ❺
漫畫版故事，體驗刺激的逃獄大追捕！

**H** 1名
## 肥嘟嘟華生毛公仔
軟綿綿的可愛華生！

**I** 1名
## LEGO DOTS 41927 DOG
拼出得意狗狗吊飾！

## 第 208 期得獎名單

| | | |
|---|---|---|
| A | LEGO 工程系列 42136 拖拉工程車 | 李坤輿 |
| B | 4M 數學魔術師 | 彭倩欣 |
| C | 蜘蛛俠造型 迷你足球 | 黃晞程 |
| D | 大偵探福爾摩斯 資料大全 + 寫作教室 | 許樂 |
| E | 超常識奇俠 1 至 2 集 | 郭葆麒 |
| F | 大偵探筆袋 | 馬愷妏 |
| G | 大偵探文具套裝 | Regon Lee 伍尚謙 |
| H | 星光樂園 遊戲卡福袋 | 陸海遙 鄭博恩 |
| I | Tomica 車仔系列：薯條 | 周卓毅 |

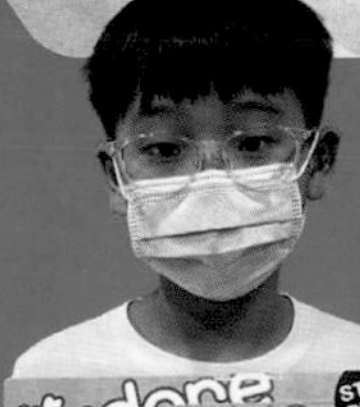

第 206 期得獎者

## 規則
**截止日期：10 月 31 日**
**公佈日期：12 月 1 日（第 212 期）**

★ 問卷影印本無效。
★ 得獎者將另獲通知領獎事宜。
★ 實際禮物款式可能與本頁所示有別。
★ 匯識教育公司員工及其家屬均不能參加，以示公允。
★ 如有任何爭議，本刊保留最終決定權。
★ 本刊有權要求得獎者親臨編輯部拍攝領獎照片作刊登用途，如拒絕拍攝則作棄權論。

上集提要：霍金推論黑洞會發出熱輻射，為宇宙學向前邁進一步，世人都將那種輻射命名為「霍金輻射」。不過，他對黑洞的研究尚未結束，有一個問題多年來都困擾着他以及一眾物理學者……

## 黑洞資訊悖論

黑洞熱輻射令霍金在物理學界**嶄露頭角**，更使他獲得多個獎項和榮譽。1975年，他返回劍橋大學擔任教授，繼續黑洞的研究。

在物理學中，一切事物皆存有各自的**資訊**。以一顆氫原子為例，當中資訊表明那是氫，而非其他元素。大約在1974至1975年期間，霍金指出物質被吸入黑洞後，資訊也該存於其中。但黑洞發出**熱輻射**時，那些發散的能量卻不會攜帶原本物質的資訊離開。如此一來，當黑洞因能量耗盡而**消失**，那些資訊不就會跟着毀滅消失，不復存在？這違反了物質資訊不滅的定律，人們稱其為「**黑洞資訊悖論**」。

那麼，被吸入黑洞後的物質資訊究竟到了哪裏？這成了宇宙物理學家爭相研究的其中一個課題。

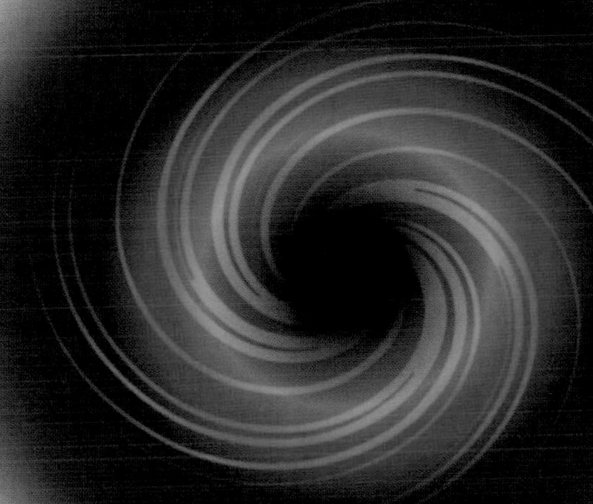

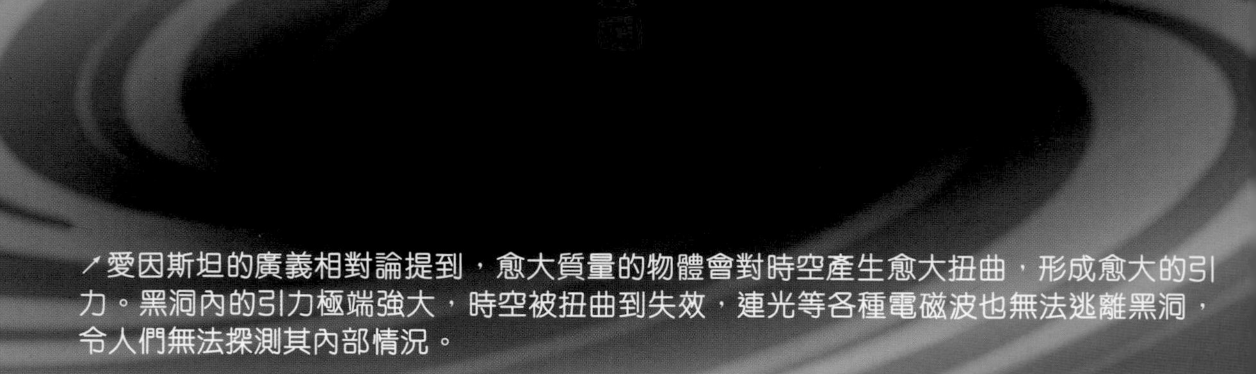

↗愛因斯坦的廣義相對論提到，愈大質量的物體會對時空產生愈大扭曲，形成愈大的引力。黑洞內的引力極端強大，時空被扭曲到失效，連光等各種電磁波也無法逃離黑洞，令人們無法探測其內部情況。

霍金當然也努力不懈去探尋答案，不過身體活動能力**惡化**卻成了阻礙，而一次**大病**更令他掉進近乎絕望的深淵中。1985年霍金前往日內瓦，拜訪當地的歐洲核子研究組織期間，患上了**肺炎**。他立即被送往醫院，更須靠呼吸器維持生命。

到妻子潔恩趕往醫院時，霍金已陷入昏迷，情況**刻不容緩**。醫生提議盡快施行**氣管造口手術**，以幫助霍金繼續呼吸，那樣才能讓他活下去。只是其代價甚大，一旦做了手術，他將從此無法開口說話。那時潔恩**當機立斷**，決定請醫生做手術。

當霍金醒來後，得知自己再也不能說話，可謂**晴天霹靂**，一度陷入憂鬱之中。而且，由於他口不能言，手不能寫，唯有靠別人利用字母表，讓他用表情或眼皮開合去指認字母，再拼出詞語，組成語句，非常費時，因而令研究工作**停滯不前**。

幸好新科技為他帶來曙光。一年後的某天助手在英國廣播公司(BBC) 看到一則新聞，當中介紹**電腦程式**如何幫助殘疾人士。她認為那可能幫到霍金，於是尋訪那位程式發明者。經過雙方連番商討後，霍金就獲得一套特殊通訊設備。輪椅上配置了電腦和螢幕，他能透過**臉部肌肉活動**，控制眼鏡上的感測器，去選擇螢幕上的字母或單字，組成句子。只要點選輸出鍵，電腦喇叭便會讀出該句。雖然速度不算快，但那已比讓別人用字母表協助**更勝一籌**。最重要的是，他終於能自由地跟別人談話。

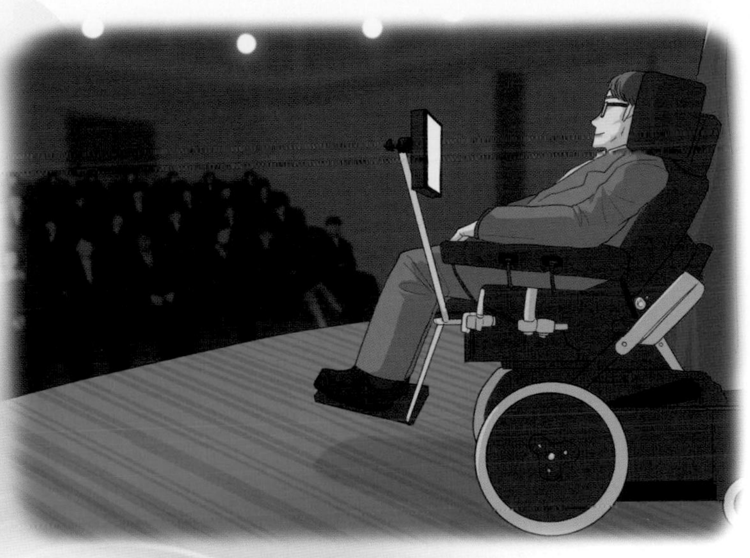

如此一來，霍金得以順暢地做研究，其中一項就是繼續與其他科學家探討物質資訊在黑洞的情形。

1997年，霍金及物理學家兼同事索恩*與另一物理學家普雷斯基爾*打賭。霍金和索恩認為黑洞所吸收的物質資訊，與發出的熱輻射中所含資訊並無關係，因而造成資訊散佚，違反量子力學的資訊不滅規則，故需要重構整套理論。不過普雷斯基爾卻主張那些掉入黑洞的物質，其資訊與黑洞發出的熱輻射有關連。

這場賭局成了物理學界的頭條新聞，也增加其他物理學家對該問題的興趣。此後多年，許多科學家都試圖對悖論提出各種可能的解決方案。

直至2004年，霍金提出一個較具爭議性的答案。他認為那些被吸到黑洞的物質資訊，可能存於黑洞表面的事件視界之上，並隨熱輻射釋放回到宇宙，這樣便不會造成資訊消失的問題。當時他爭辯說資訊並非遺失了，而是無法以有用的方式回收，又打趣地作了一個比喻：若把一本百科全書燒掉，只要把所有灰燼連同煙霧全都保留下來，理論上書中的資訊並未遺失，只是極難解讀而已。

這被視為霍金向普雷斯基爾讓步的結果。此外他願賭服輸，如約向對方送上一本棒球百科全書，並開玩笑說或許送灰燼就行了。

事實上，不論是霍金、索恩還是普雷斯基爾，對黑洞資訊悖論都只訴說假設性的解答。至今仍有許多科學家提出各種推論，但始終未有定案。

*基普．斯蒂芬．索恩 (Kip Stephen Thorne，1940年~)，美國理論物理學家，於2017年獲諾貝爾物理學獎。
*約翰．菲利普．普雷斯基爾 (John Phillip Preskill，1953年~)，美國理論物理學家。

## 推廣科普教育

多年來，霍金的身體無法活動，難以單靠家人**看顧**，須聘請多名專業看護全天候照料其日常生活，加上子女的生活費與學費，**開支**甚鉅，僅靠大學教職與研究津貼根本不足以支撐整個家。

為了**籌措**更多收入，1984年霍金開始撰寫一本解釋宇宙奧秘的科普書籍，那就是著名的《**時間簡史**》*。書中講述了宇宙的起源和發展、黑洞等知識，並探討時間旅行的可能性。由於預定目標讀者羣是**普羅大眾**，故此書內行文須**淺顯易懂**，也盡量避免出現晦澀難懂的數學方程。

他就曾在書中寫道：「有人告訴我如果書裏每出現一個**方程式**，**銷量**就會減半。於是我決定不放入任何方程式。不過，最後我還是放了一個在其中，那就是**愛因斯坦**著名的方程式：$E = mc^2$，希望這樣不會嚇跑我那一半的潛在讀者吧。」

不過，那只是他**杞人憂天**。當《時間簡史》於1988年4月1日初次出版時，幾乎搶購一空，並長期登上各大暢銷書榜，例如在《紐約時報》高居147週、《泰晤士報》更達237週。這本書至今已被翻譯成40種語言，仍**風靡全球**。1992年，《時間簡史》更被改編成**電影版**，由莫理斯*執導。自此霍金更受世人注視，成為**家傳戶曉**的人物。

此外，他還出版其他科普書籍，例如2001年《時間簡史》的續篇《**胡桃裏的宇宙**》*。2005年他又與另一位物理學家蒙洛迪諾*合作改寫《時間簡史》，將文字變得更淺白生動，並配上精美的插圖，成為《**時間簡史 (普及版)**》*。及後二人於2010年合著《**大設計**》*一

*其書全名是《時間簡史：從大霹靂到黑洞》(*A Brief History of Time: from the Big Bang to Black Holes*)。
*埃洛．莫理斯 (Errol Morris，1948年~)，美國電影與紀錄片導演。
*《胡桃裏的宇宙》(*The Universe in a Nutshell*)。
*倫納德．蒙洛迪諾 (Leonard Mlodinow，1954年~)，美國物理學家及作家。
*《時間簡史 (普及版)》又稱《新時間簡史》(*A Briefer History of Time*)。
*《大設計》(*The Grand Design*)。

書，討論科學與上帝的關係。另外，自2007年他與女兒露西*合著一系列**科普童書**，以孩童喬治為主角，經歷各種太空冒險，讓世界未來的主人翁看故事之餘，學習科學知識。

除了著書寫作，霍金更渴望能親身**前往宇宙**，在2006年的一次訪問中就曾提及自己想到太空旅行。當時維珍銀河公司*的創辦人得悉後，就承諾將來為其免費提供一次**太空旅行**的機會，霍金當然欣然接受。次年在零重力公司*協助下，他乘搭波音727-200客機，體驗**無重力**狀態。

當飛機從高空俯衝時，產生短暫的失重環境，令霍金**漂浮**起來。事後他對那次體驗大為讚歎，說道：「**太空，我來了！**」並且期待真正的太空旅行會在其有生之年出現，可惜直至他2018年逝世，那夢想始終仍未實現。

霍金一直**孜孜不倦**地探求宇宙本質，思考它的起源與發展、地球以外是否有其他生命等各種各樣的課題。他曾說過：「我的目標很簡單，那就是要全面了解整個宇宙，包括它為何如此，以及為何會存在。」

就算他的身體**無法動彈**，其頭腦依然能靈活地運轉，並指身體障礙反而令自己得以**專心思考**，全力投入研究中。另外他又認為身為殘障人士，仍能做到許多事情，不能一味為自己無能為力而感到苦惱。

藉着黑洞，他道出了**勇往直前**的精神：「黑洞不是如描繪般漆黑一片，也並非如我們曾所想般是永恆的囚牢。事物能夠離開黑洞，到達外面，也或許前往至另一個宇宙。所以，假如你沮喪到猶如身處黑洞一般，**別放棄，總有出路**。」

*嘉芙蓮·露西·霍金 (Catherine Lucy Hawking，1970年~)，英國記者與小說家。
*維珍銀河公司 (Virgin Galactic)。　*零重力公司 (Zero Gravity Corporation，簡稱ZERO-G)。

# 第 55 屆聯校科學展覽
# 決賽結果出爐！

**由中學生自行組織的聯校科學展覽，已於 8 月 19 日至 25 日在中央圖書館地下展覽廳順利舉行！今年比賽的主題是「活力」，參賽的中學生隊伍要設計創新發明，增添日常生活的活力，提升城市效率。馬上看看今年的得獎發明吧！**

## 冠軍「NAntiVio」

聖若瑟書院

得獎同學利用氧化鋅的納米微粒製成一種保護膜，可吸收紫外線之餘，又可防水和防菌，而且看起來透明。這種保護膜可噴灑於文物上，防止文物受環境因素破壞之餘，其外觀亦不會受遮蔽。

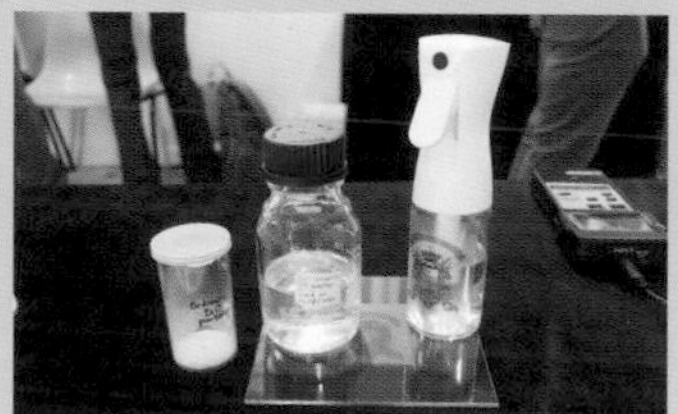

## 亞軍「純・淨・循環」

聖公會莫壽增會督中學

同學在單車的後輪裝上小型發電機，當車輪轉動時就會發電，供電給位於車頭的空氣淨化裝置。裝置內有紫外光燈及二氧化鈦濾膜，可將部分迎頭吹入的空氣污染物清除，然後吹向單車手的臉，令其更涼爽，同時可呼吸到較潔淨的空氣。

## 季軍「推動生活」

中華基督教會基元中學

輪椅難以上落樓梯，同學有見及此，就將輪椅的後輪改成多邊形。這樣輪胎可變形，切合梯級的形狀，令照顧者較易將輪椅拉上樓梯。

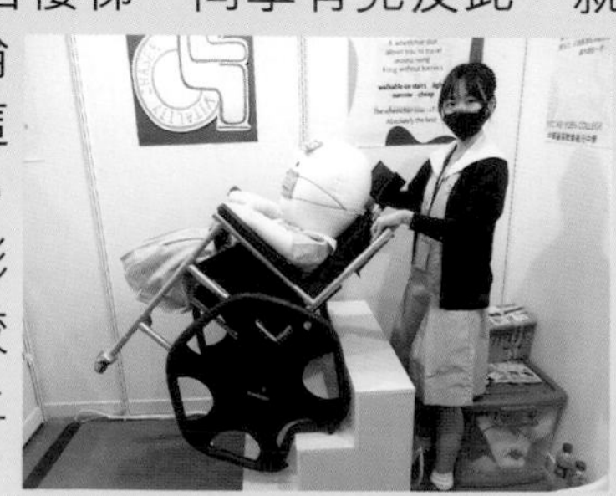

# 2022 香港學生科學比賽 現場報道

香港學生科學比賽已於 8 月 6 日及 7 日在香港科學園舉辦。今年比賽以「生活啟發創意．科學實踐創新」為主題，逾百參賽隊伍應用創意和科學頭腦，對其感興趣的題目進行研究，或研發創新產品，爭奪冠軍寶座。

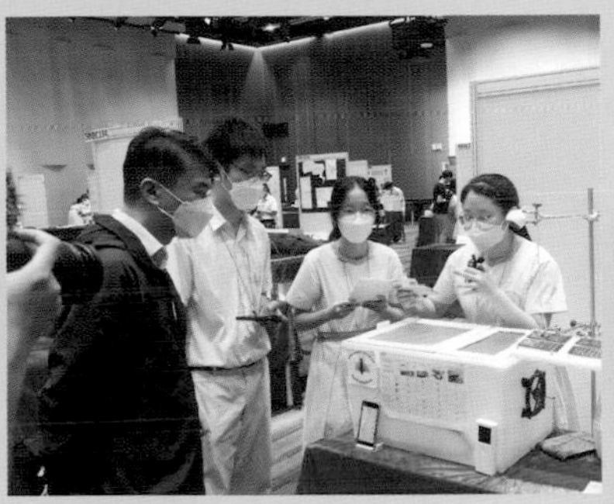

▲同學們正在向評判匯報自己的發明品。

▼現場有不少有趣的實用發明，例如迦密柏雨中學的同學們利用紅茶菌製成杯和飲管，兩者皆可循環再用。

▲張祝珊英文中學的同學研究在甚麼角度下才可看得到彩虹。這種宛如搞笑諾貝爾的風格背後，他們其實應用了不少光學上的知識。

## 得獎名單

**初中組（發明品）冠軍**
聖保祿學校——「菌絲體的世界」

**初中組（研究項目）冠軍**
協恩中學——「鋰電．持」

**高中組（發明品）冠軍**
宣道會陳朱素華紀念中學——「中風復康輔助遊戲」

**高中組（研究項目）冠軍**
英皇書院——「綠色合成的銀、銅納米粒子及其在燒傷敷料殺滅細菌和真菌中的潛在應用」

優勝隊伍將有機會獲資助於國際科學期刊上發表其科學作品、參與海外和本地的科學及科技交流活動，並代表香港參加國際性的科學比賽。

# 香港太空館天象廳節目

目前在天象廳上映的其中三個節目，分別帶領大家探究地球及宇宙不同的時空，切勿錯過！

| | 映期 |
|---|---|
| 立體球幕電影《極地尋龍 3D》 | 即日至 2023 年 3 月 31 日 |
| 天象節目《隼鳥 2 號—星源再覓》 | 即日至 2023 年 1 月 12 日 |
| 全天域電影《小海獅大歷險》 | 即日至 2022 年 10 月 20 日 |

詳情請參閱香港太空館網頁：https://hk.space.museum/

## 實踐專輯 估歌仔答案

1 快樂頌（Ode to Joy）

2 弦樂小夜曲（莫札特）
（Serenade No. 13 for strings in G major/Eine kleine Nachtmusik）

3 奇異恩典（Amazing Grace）

4 生日歌（Happy Birthday to You）

5 齊來欽崇（O Come, All Ye Faithful）

6 一閃一閃亮晶晶
（Twinkle, Twinkle, Little Star）

科技新知

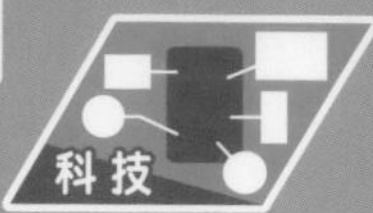


# 萬能機械靈犬 Spot



**本年 6 月，機械犬 Spot 在烏克蘭投入服務，幫忙搬走未引爆的彈藥，以免傷及居民性命。其實 Spot 早在 2016 年已面世，曾參與不少巡邏和救援工作，是人類的好幫手！**

**Spot 小檔案**

生產商：Boston Dynamics
出產年份：2016 年
體積（厘米）：110（長）×50（闊）×61（站立高度）
可負荷重量：14 公斤
最高配速：每秒 1.6 米

▲嘟一嘟，瀏覽 Spot 的 3D 模型！

Spot 可供遠端遙控操作，更可配合外置裝備如機械臂、鏡頭等使用。而且它行動敏捷，因此在很多地方都能派上用場，包括於建築工地、發電廠、礦場等做各種工作。

## 守衛古城

▲ Spot 在義大利龐貝古城巡邏，防止盜賊偷走遺跡文物。另外，它也會收集環境數據，幫助人類探索難以踏足的區域。

## 災難救援

▼在災難現場，Spot 能善用其平衡力，遊走在崎嶇的地形之上。它會先量度環境數據，包括氣體濃度、生命跡象等，以供救援人員分析、判斷風險後再行動。

大偵探福爾摩斯

# 鸚鵡迷蹤

「**哇！**」小兔子和愛麗絲不約而同地驚呼。

「真沒想到，倫敦市內竟有這麼一大片樹林。」華生看着眼前美景，也不禁驚歎。

早前，小兔子和愛麗絲幫助福爾摩斯破了一宗盜竊案。為了以資獎勵，他和華生就帶這對歡喜冤家來參觀位於泰晤士河河畔的**邱園**了。這是全歐洲最大的國家植物園，行人路建在大小樹林和一望無際的草地之間，四處**綠意盎然**，令人恍如置身郊野。

「你們驚訝得太早了，我們還未走到最有看頭的**溫室**呢。」福爾摩斯拿着地圖說。

就在這時，一個**胖墩墩**的中年人急匆匆地在樹林中走過。

「唔？」福爾摩斯定睛看去，「那人好眼熟，難道是……？」

那人突然停了下來，更神情緊張地不斷**左顧右盼**。

「巴里先生！你不是巴里先生嗎？好久不見！你不像在欣賞植物呢。」福爾摩斯認出了那人，於是叫道。

「啊？還以為是誰，原來是福爾摩斯先生！」那人看到我們的大偵探後，急急跑了過來，上氣不接下氣地說，「我的……**大紫紅鸚鵡**走失了……你們有沒有看到一隻頭部鮮紅、胸前紫色的雀鳥？」

原來，巴里是福爾摩斯的老相識，他最近從澳洲買入一批鸚鵡放在附近的貨倉飼養，今早卻不小心**走失**了一隻，於是沿着牠飛走的方向追來，追着追着便跑到植物園來了。

「踏進十月了，如果不及時找到牠，恐怕牠會在晚上**着涼**啊。」巴里憂心忡忡地說，「牠着涼的話——」

「鸚鵡不是有羽毛嗎？怎會着涼呀？」小兔子未待巴里說完就搶道，「我穿短褲還覺得熱呢。」

「嘿，你實在太過**孤陋寡聞**了。」愛麗絲出言奚落，「大紫紅鸚鵡是一種很矜貴的雀鳥，可不像你那樣**粗生粗養**啊。」

「甚麼？」小兔子不甘受辱，「哼！我才不像你那樣**嬌生慣養**呢！」

「哎呀，你們吵甚麼，巴里先生還未說完呀。」福爾摩斯知道兩人吵起來就會沒完沒了，連忙制止。

「其實，鸚鵡是**溫帶動物**，棲息於澳洲、非洲和東南亞等地。」巴里繼續說，「所以，對牠們來說攝氏20至30度才是最舒適的溫度。可是，倫敦十月的氣溫常**低於20度**，牠們在室外很容易冷病。」

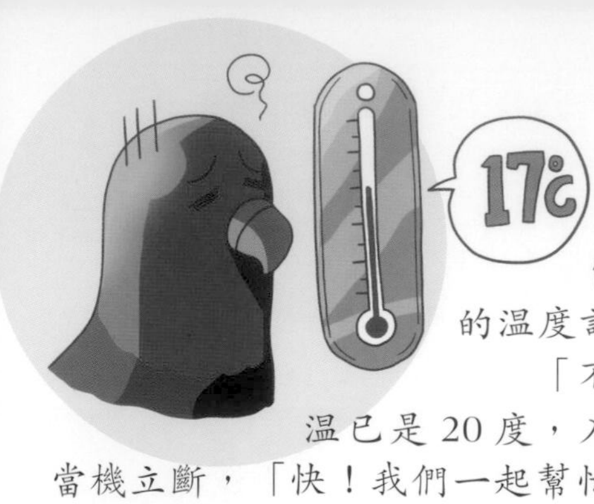

福爾摩斯聞言，馬上從口袋中掏出一個橙色的工具——「**大偵探7合1法寶**」，看了看上面的溫度計。

17°C

20°C

「不妙！現在雖然是下午，但氣溫已是20度，入黑後勢必更冷。」福爾摩斯當機立斷，「快！我們一起幫忙找鸚鵡吧。」

一行五人走進樹林四處追尋，然而，到了黃昏仍不見鸚鵡的蹤影。

「等一下。」華生看了看周圍，有點**擔心**地問，「我們……在哪裏？」

眾人頓時**面面相覷**，他們這時才察覺一直只顧抬頭尋鳥，不知不覺間已迷路了。

「怎辦？怎辦？我們迷路了啊！」愛麗絲有點驚慌地說。

「嘿嘿嘿，迷路罷了，怎值得**大驚小怪**。真沒用。」小兔子趁機嘲笑。

「你不怕嗎？走不出去的話，會在森林中餓死啊。」愛麗絲說。

「嘿，我**粗生粗養**，吃樹皮也能生存，可不像那些**嬌生慣養**的小姐啊。」

「甚麼？你諷刺我嗎？」愛麗絲氣得滿臉通紅。

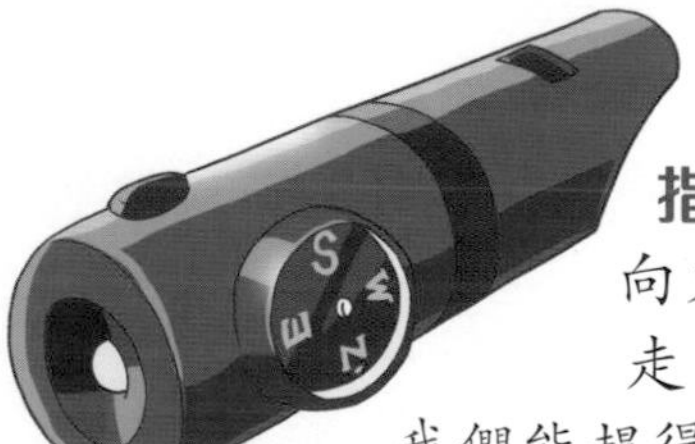

「你們吵甚麼？植物園的西面和北面都是河，東面是出入口。」說着，福爾摩斯掏出「7合1法寶」，看了看上面的**指南針**，「所以，向東走就能走出樹林。」說完，就帶領眾人向東走去。

走了一會後，華生看到天色漸暗，有點擔心地問：「快天黑了，我們能趕得及走出園區嗎？」

「為了儘快脫險，只好找人**求助**了。」福爾摩斯說着，馬上「�——吔——吔——」的吹響「法寶」末端的**哨子**。

「甚麼人呀？」哨子聲才剛響起，不遠處已傳來回應的叫聲，並隱約可見一個身穿園丁制服的男人拿着提燈向這邊走來。

「啊！有人！」小兔子大叫，「**救命**呀！我們迷路了！」

「原來**怕死**的不是我呢。」愛麗絲露出不屑的神情，斜眼看了看小兔子。

「你說甚麼？」這次，又輪到小兔子不爽了。

福爾摩斯沒理會兩人的爭執，趕忙向迎面而來的園丁說：「不好意思，我們**迷路**了，請問出口往哪個方向走？」

「往這邊走，我帶你們出去吧。」園丁領頭走了兩步，又回過頭來說，「前面就是**溫室**，看來兩位小朋友受驚了，不如進去休息一下吧。」

「受驚？我才沒有呢。」小兔子指一指愛麗絲，「你是說她吧？」

「嘿，剛才是誰叫**救命**的？」愛麗絲冷笑道，「我倒沒有叫啊。」

「你們兩個吵少一會好嗎？難得園丁叔叔帶你們去休息，老老實實地說一聲『謝謝』不行嗎？」福爾摩斯罵道。

「算了、算了，小孩子不懂事，別罵了。」巴里連忙打圓場。

在園丁帶領下，才走了不到十分鐘，他們已來到園內最大的溫室。

「好**暖和**呢！跟室外完全是兩個世界！」華一踏進温室，就有點驚訝地說。

「在秋冬，温室會維持在**21度**左右，讓熱帶植物保持健康。」園丁說。

「啊！」這時，愛麗絲突然指着上方驚叫一聲。眾人循她所指的方向看去，只見一隻紅色的大鳥停在樹上。

「是**鸚鵡**！看來跟我走失的那一隻是同種！」巴里興奮地說。

「是嗎？那麼讓我『**請**』牠下來吧。」福爾摩斯說着，再次拿出「法寶」。

「『請』牠下來？」華生訝異地問，「你懂得變魔術嗎？怎樣『請』牠下來？」

「鸚鵡和烏鴉一樣，都很容易被**反光的物體**吸引。」

說着，大偵探把「法寶」折成三截，並將其中一截的**電筒**照向另一截的**鏡子**，再以鏡面反射的光線照向樹上的鸚鵡。頓時，反射光引起了鸚鵡的注意。福爾摩斯見機不可失，立即輕輕地晃動鏡子，令光線在牠身邊亂舞。

鸚鵡的脖子晃來晃去，追蹤了光線一會後，突然「啪沙」一聲展開翅膀一躍而下，輕輕地降落在福爾摩斯的手臂上。

「牠腳上的小紅圈是不是寫着B40？這是我給牠取的編號。」巴里緊張地說。

大偵探用「法寶」中的**迷你放大鏡**看了：

「確實寫着B40呢。」

「原來這鸚鵡是你們的？」園丁說，「牠很乖巧，今早飛進來後，並沒有啄食任何植物和果實。」

「牠真**聰明**呢！懂得飛來温室取暖！」小兔子的話音剛落，他的肚子就「咕」的一聲叫了起來，頓時引起**哄堂大笑**。

「哈哈哈，小兔子餓了，這鸚鵡也餓了吧？」福爾摩斯從「法寶」中抖出了一些**花生碎**，讓鸚鵡**津津有味**地吃起來。

「你怎會隨身攜帶花生碎的？」華生問。

「我聽說植物園有很多雀鳥，就準備了一些花生碎來餵鳥，沒想到現在派上用場呢。」福爾摩斯一臉滿足地看着鸚鵡**大快朵頤**。

「非常感謝你們為我找回牠啊。」巴里感激地說，「為了不要再有鳥兒走失，看來我得聘請一個工人專門照顧那**40隻鸚鵡**呢。你們可作介紹嗎？」

「可以！可以！」小兔子舉起手說，「我的朋友**羅拔**正在找工作，他很喜歡小動物，叫他來照顧鸚鵡最適合不過了！」

「我也認識羅拔，他是個**老實可靠**的小伙子。」福爾摩斯也幫腔道。

「是嗎？那麼，請叫他明天來找我吧。」巴里掏出名片遞上，「對了，你們有空也可以來玩玩，看看那40隻鸚鵡啊。」

「哇！太好了！我去！我去！」小兔子興奮得**手舞足蹈**。

「我也去！」愛麗絲也搶着說。

然而，這時小兔子他們並沒想到，羅拔接下照顧鸚鵡的工作後，竟遇上大麻煩，令我們的大偵探又一次不得不**出手相助**呢。

*有關羅拔的故事，請參看《大偵探福爾摩斯⑯奪命的結晶》。

翌日，羅拔獨個兒來到貨倉見工，巴里非常喜歡他，馬上叫他上班。

貨倉其實只是一間正方形的小屋，屋內放了**8個大鳥籠**，並排成一個「回」字，每個籠中有**5隻鸚鵡**。

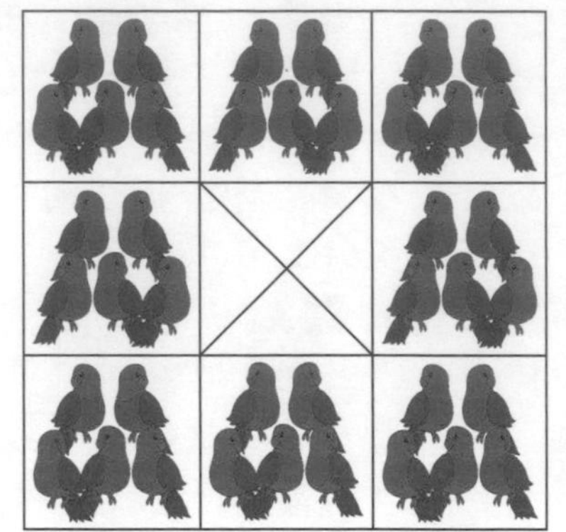

「你的工作是餵飼鸚鵡的早午晚三餐，每次餵完都要點算好，確保有**40隻**。」巴里一頓，又指着室內的溫度計説，「還要適時補充壁爐的柴火，睡前必須加柴，確保維持在20至25度，絕不能讓室內溫度低於20度，否則鸚鵡會着涼生病。」

「明白了，巴里先生。」羅拔有禮地點點頭。

待老闆離去後，羅拔見溫室計降至22度，便立即加柴，心想：「這份工作是小兔子介紹的，一定要努力做好。」

巴里從貨倉回到旁邊的商店，工頭**弗雷德**拿着價目表走了過來，並問道：「老闆，這標價真的沒錯嗎？一隻鸚鵡竟比我的年薪還要多！」

「別那麼**大驚小怪**啊。」巴里笑道，「這些鸚鵡懂得模仿人的説話和聲線，羽毛又艷麗奪目，是珍貴的舶來品啊。」

「原來如此，怪不得標價這麼貴了。」弗雷德低頭看着價目表喃喃自語。

翌晨，弗雷德來到羅拔駐守的貨倉巡視，看到羅拔正在點算鸚鵡。

「13、14……啊……15……15……」羅拔數來數去，數到**15**就數不下去了。

「怎麼了？怎麼數到15就不數了？」弗雷德感到奇怪，於是問道。

「工頭，早安。」羅拔有點緊張地説，「我……我的腦筋不太好，太大的數字都記不牢……」

「啊？原來是這樣啊。」弗雷德**恍然大悟**，「難怪你數到15就停住了，**40**這個數字對你來説太大了吧？」

「是的，不好意思……」羅拔**垂頭喪氣**地説，「我本來以為自己做得來的……」

「哎呀，不必憂心啊。」弗雷德拍一拍羅拔的肩膀，安慰道，「我教你一個方法，只要能數到15，也能數出籠裏是否有40隻鸚鵡。」

「真的嗎？」羅拔大喜，「那麼，請你馬上教我吧。」

「你看，這些鳥籠成『**回**』字形排列，就像一個四方形，而每邊有**3個籠**，每個籠有**5隻**，就是説，每邊共有**15隻鸚鵡**。」弗雷德耐心地教導，「你數鸚鵡時，每邊數一次，看看是否有15隻，只要**4次**都數到有15隻，就代表鸚鵡齊全了。」

「數完4次，每次都數到有15隻就行嗎？」羅拔問。

「對，4×15 = **40**嘛。」

「4……乘……15等於……40嗎？」羅拔一臉茫然。

「看來你不太懂乘數呢。」弗雷德笑道，「別擔心，總之每邊數到有**15隻**就行了。」

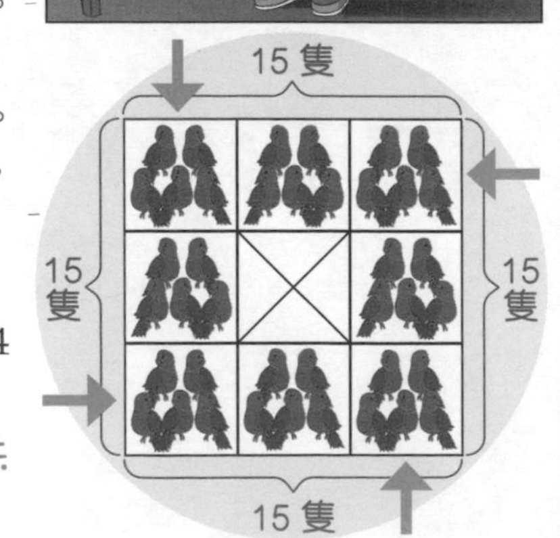


「好的，我明白了。」羅拔用力地點點頭。

然後，他按照弗雷德的方法，**一板一眼**地數，數完4邊後，就開心地説：「每邊都有15隻，即是共有40隻啦。」

「對，就是這樣。」弗雷德嘴角泛起一絲耐人尋味的微笑，就走開了。

一個星期後的早上，巴里來到貨倉，與羅拔和工頭弗雷德一起，把鸚鵡逐一抓到一輛馬車的大鐵籠中，準備送貨給訂購了的客人。

可是，當把全部鸚鵡抓完後，巴里**點算**了一下，卻不禁驚呼：「哎呀，怎麼**少了4隻？**」三人慌忙回到貨倉去看，但每個鐵籠都空空如也，並沒有抓漏的鸚鵡。

「我……我1個小時前……才數過有**40隻**的。」羅拔**期期艾艾**地解釋，「我今早一直在這裏……沒走開，也沒看見鸚鵡飛走啊。」

「老闆，打擾一下。」弗雷德把巴里拉到一旁，輕聲說道，「我懷疑羅拔有所**隱瞞**。」

「甚麼？」

「我見過那小子常常打瞌睡，又發現他做事很粗疏。」弗雷德一臉認真地說，「他一定是在餵鸚鵡時，大意地讓4隻**走失**了，但怕責罵而不敢承認。」

「真的嗎？」巴里不敢相信。

「巴里先生！早安！」

「早安！我們來看鸚鵡啦！」

這時，兩人身後響起了小兔子和愛麗絲的聲音。原來，他們與福爾摩斯和華生剛好到訪。

「福爾摩斯先生，你來得正好！這次又要麻煩你了！」巴里連忙趨前說。

「怎麼了？」福爾摩斯訝異地問。

「是這樣的，我不見了4隻鸚鵡。」巴里**一五一十**地把剛才的情況告知。

聽完後，福爾摩斯往弗雷德瞥了一眼，然後在巴里耳邊輕聲問道：「餘下的36隻鸚鵡看來**健康**嗎？」

「從羽毛狀態和活躍程度看來，牠們都很健康，沒生病。」

「唔……這樣嗎？」福爾摩斯一邊呢喃，一邊走近壁爐看了看，「鸚鵡是溫帶動物，這幾天已冷了很多，牠們又怎會飛到外面去呢？」

「你的意思是，鸚鵡並非走失？」華生問。

「難道有人**偷走鸚鵡**？那麼，犯人又是誰呢？」愛麗絲看了看**垂頭喪氣**地站在一角的羅拔。

「絕對不會是羅拔！」小兔子**仗義執言**，「他是清白的！」

「不必急於下結論。」福爾摩斯擺擺手說，「待我先向羅拔了解一下吧。」

說完，我們的大偵探走到羅拔面前，柔聲問道：「羅拔，聽說你在1小時前數過鸚鵡，當時並沒有少，是真的嗎？」

「真的……我數了**每邊**都有15隻……」羅拔戰戰兢兢地答道，「弗雷德先生說過……只要**4邊**都有**15隻**，就等於有……**40隻**了。」

「啊？是弗雷德先生教你那樣數的？」

「是……因為我腦袋不靈光，數數目只能數到15……」

「原來如此。」福爾摩斯**若有所思**地點點頭，並向巴里問道，「你們抓鸚鵡到馬車上時，有注意到籠子裏的鸚鵡都是**5隻**嗎？」

「啊……」巴里想起甚麼似的說，「我當時沒注意，經你這麼一問，我就記起來了。本來每個籠子都有5隻鸚鵡的，但剛才看到有些籠子只有3隻，有些籠子卻有**6隻**。」

「真的？你沒看錯吧？這與破案有重大關係啊。」

「是真的。」巴里肯定地說，「絕對沒看錯。」

一直站在一旁不作聲的弗雷德聽到兩人的對話，突然顯得有點兒**惴惴不安**。

「弗雷德先生，你呢？你當時有沒有注意到每個籠的鸚鵡數量？」福爾摩斯**出其不意**地問。

「啊！我嗎？」弗雷德嚇了一跳。

他看了看巴里，**吞吞吐吐**地說：「我沒注意。」

「嘿嘿嘿！」福爾摩斯冷笑數聲，突然大手一揮，指着弗雷德喝道，「你一定有注意到！因為**調亂鸚鵡數目**的是你！偷走 4 隻鸚鵡的也是你！」

「啊！」不僅弗雷德大吃一驚，連眾人都被大偵探那**突如其來**的指控嚇呆了。

「為……為甚麼這樣說？」巴里問。

「小兔子、愛麗絲，你們平時這麼喜歡**鬥嘴較量**，快向巴里先生解釋一下我為何這樣說吧。」福爾摩斯說。

「甚麼？我……我不懂啊。」小兔子搔搔頭說。

「我……我也不懂啊。」愛麗絲也尷尬地應道。

「哼！平時就逞英雄，連這麼簡直的小把戲也不懂破解，真沒用。」福爾摩斯說着，在筆記簿上畫了兩個**九宮格**（圖 A 和圖 B）。

「來看看吧。」福爾摩斯說，「格子代表籠子，數字代表鸚鵡的數量。圖 A 代表原來每個籠子關了 **5 隻**鸚鵡，總共有 **40 隻**。那麼，如果圖 B 中的鸚鵡總共是 **36 隻**的話，圖 B 中的空格又分別放了多少隻鸚鵡呢？只要懂得填上數字，就能一舉破解鸚鵡竊賊的小把戲了。」

大家也試在圖 B 的空格上填上數字，使每一邊的數字加起來都是 15 吧。注意：填上的數字必須是 3 或 6，而全部 8 個數字加起來必須是 36 啊。

圖 A

| 5 | 5 | 5 |
|---|---|---|
| 5 | ╳ | 5 |
| 5 | 5 | 5 |

圖 B

|  |  | 6 |
|---|---|---|
|  | ╳ | 3 |
|  | 3 |  |

小兔子和愛麗絲苦苦思索，可是仍然**不得要領**。就在這時，一個聲音忽然響起。

「嘿，別動啊！再動就宰了你！宰了你！」

「弗雷德？你說甚麼？」巴里以為弗雷德在說話，轉過頭去問。可是，只見弗雷德看着倘開着的窗户，顯得一面**驚訝**。

「嘿，別動啊！再動就宰了你！宰了你！」

眾人也朝窗户看去，原來窗邊站着一隻**鸚鵡**。牠不停扭動脖子，好奇地看着他們。

「啊！那是其中一隻失蹤的鸚鵡！」巴里看到牠腳上的**紅圈子**，不禁大喊。

「嘿，別動啊！再動就宰了你！宰了你！」鸚鵡忽然飛到羅拔肩上，不斷重複這句罵人的説話。

「怎會這樣的？那**腔調**跟弗雷德一模一樣啊。」巴里大為驚訝。

「嘿嘿嘿，我不是説了嗎？」福爾摩斯狡黠地一笑，「弗雷德是鸚鵡竊賊呀！他一定是在偷鸚鵡時不斷説這句髒話，那鸚鵡就學着叫了。而且，你看看他的臉上不是有幾條**爪痕**嗎？不用説，那就是偷鸚鵡時被**抓傷**的。」

弗雷德看到**鐵證如山**，「咚」一聲跪坐在地上，有氣無力地坦白了一切。

原來，他得知鸚鵡很值錢後，故意向羅拔傳授數鸚鵡的方法，然後趁羅拔上洗手間時偷走了**4隻**。不巧的是，其中**1隻**抓傷他後逃脱了。但他沒想到，外面的温度太冷，逃走了的那隻會飛回來取暖，還不斷學着他的腔調叫罵，最終還揭穿了他的惡行。

「福爾摩斯先生，有件事我不懂。」巴里**不明所以**地問，「羅拔每次數也數對，但為甚麼鸚鵡被偷後，他仍沒察覺總數少了呢？」

「嘿嘿嘿，因為弗雷德在教羅拔數鸚鵡時玩了個**小把戲**呀。」福爾摩斯在圖B的九宮格上填上數字後，向眾人展示説，「你們看，只要在籠子上這樣調動鸚鵡，不論羅拔怎樣數，每邊都是**15隻**，但總數卻只有**36隻**啊。」

「啊！原來是這樣啊！」巴里和華生等人看到九宮格上的數字，終於恍然大悟。

正當他們的注意力集中在九宮格上時，弗雷德突然一個翻身彈起，拔足往門口逃去！

「休想逃！」幸好小兔子反應快，迅速把腳一伸，就把弗雷德絆倒在地。福爾摩斯見狀亦馬上飛撲過去，把他牢牢地按在地上。

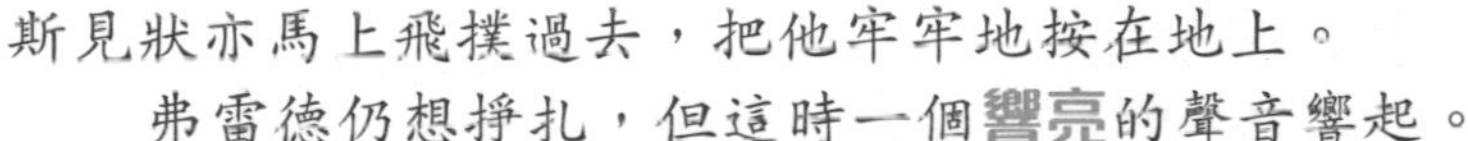

弗雷德仍想掙扎，但這時一個**響亮**的聲音響起。

「嘿，別動啊！再動就宰了你！宰了你！」

「別動啊！再動就宰了你！宰了你！」

「宰了你！宰了你！宰了你！」

眾人呆了一下，當看到鸚鵡飛到大偵探旁邊呱呱叫時，馬上**轟然大笑**起來。

【完】

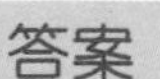

答案

| 6 | 3 | 6 |
|---|---|---|
| 3 | ╳ | 3 |
| 6 | 3 | 6 |

左圖的分配方式能夠符合巴里和羅拔的證詞：
1. 巴里取鸚鵡時，有些籠中有 6 隻，有些籠中只有 3 隻。
2. 鳥籠的擺法呈「回」字形，在每邊都能看到 15 隻。
3. 當鸚鵡減至 36 隻時，羅拔依然能在每邊看到 15 隻。

弗雷德的犯案手法：
弗雷德利用羅拔記不牢數字的弱點，令他以為每邊數到「15 隻」就行。然後，他趁機偷走 4 隻，同時調動每個籠子的鸚鵡數目，變成每籠 3 隻或 6 隻。這麼一來，每一邊的數目加起來都是 15 隻，就算他偷走了 4 隻，羅拔也不會察覺了。

# 何處覓星星

**香港是全球光污染最嚴重城市之一，那是否就代表不能看見星星呢？當然不會！在這個七百多萬人的國際大都會中，有很多天文攝影愛好者利用先進的攝影器材拍下美麗的星空。**

Credit: G. T. Fish

## 肉眼觀星

眼睛的瞳孔遇到強光時會瞬間收縮，令進入視網膜的光線變小，於是看不見暗弱的物體。所以觀星時要找附近沒有強光照射的地方，或到郊野地區。

▶晚上瞳孔會放大2至3倍。

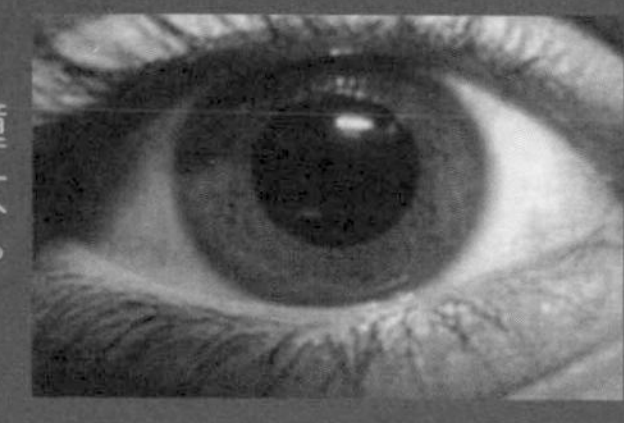

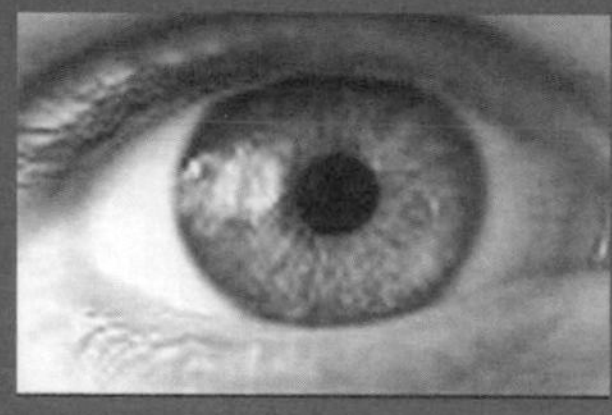

◀被強光照射時，瞳孔縮小30分之1。

## 香港有利觀星地點

右圖為香港衛星照片顯示晚間的光污染分佈情況。新界東北、港島南區海灘及大嶼山南的光害較少，較有利觀星。

▼香港大學多年來在全港各區設監測站，以監測香港夜空光度。

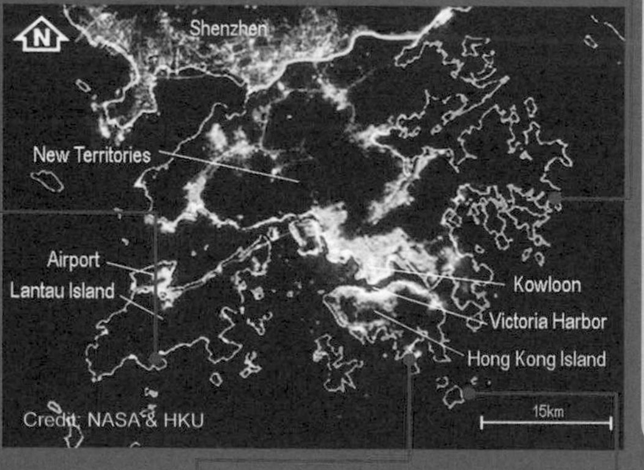


Credit: NASA & HKU

### 萬宜水庫東壩

對外是茫茫大海，觀星條件極佳。不過位於郊野公園邊陲，交通極為不便。

Credit: G. T. Fish

### 水口灣

在大嶼山南水口附近。對開是海，是全港光污染最少地區之一。公共交通方便。

Credit: APO

### 舂坎角

位處港島南區岸邊，對開是海。觀星時要避開附近民居和船隻的燈光。交通方便，適合初學者前往。

Credit: G. T. Fish

### 蒲台島

香港最南的小島，環境漆黑，但交通不便，要利用街渡往返。

Credit: APO

# 星體的軌跡

因為地球自轉的關係，天空上的星體不論是星星、月亮、太陽、行星還是彗星都有一個由東向西的運行軌跡，稱為「周日運動」。運行速度是地球的自轉速度，即一日（24 小時）360 度。

**東升西落**

太陽和月亮的視直徑達 1/2 度，東升或西落時，圓盤形的表面因有地面物體作參考，運行的速度很易察覺。

不過星星只是光點，沒有視面積，運行的速度要刻意觀測才會發現。試試觀測下方獵戶座東升的景象。

當下的獵戶座位置

30 分鐘後的獵戶座位置

60 分鐘後的獵戶座位置

▲東面的星星運行軌跡向上，西面的向下。

# 橫向運行

要拍攝星星的軌跡其實不難，只要用三腳架固定相機作長時間曝光攝影，讓地球自轉時令星星留下運行的軌跡。周遭環境愈黑暗，曝光時間可愈長，令星軌愈長。

左圖是短時間曝光的南十字座，星星呈點狀。右圖則是曝光約半小時的南十字星軌。

南

Credit: Camille

▲南面的星星運行軌跡橫向西走。

# 拱極繞圈

北面的星星會繞着北極星運行，形成拱極星軌。每顆星都畫出一個不同直徑的同心圓，十分有趣。

▲北面的星星會畫出無數同心圓的拱極星軌。

香港中文大學
生物及化學系客席教授
曹宏威博士

# Q1 為甚麼粉筆能夠在黑板上寫字卻不能在白板上寫字？

Sing

書寫工具要普及，講求的是使用方便、成本低廉、效果良好及安全無害。粉筆正好符合這幾方面的需求，因而被人們選中用了 200 多年。粉筆的「粉」通常是碳酸鈣或硫酸鈣。為甚麼是這兩種物質？因為兩者都是色白、可混色、製作簡單、價錢便宜，此外還有一點：不會因潮濕而使字跡模糊。

用粉筆書寫，就須有一個可留筆跡的平面，這樣説來，黑板和白粉筆就是最佳的配搭！黑板面略為粗糙，讓摩擦力將粉筆「筆過留痕」。粉筆通常是白色（除非加料製成顏色粉筆），寫在黑色的平板上，字跡才最顯眼。要是在「白」板寫白色粉筆字，豈非跟自己的視覺作對？

黑板粉筆雖然廣受使用，但其壞處是會產生很多粉塵，影響環境和衛生。於是白膠板和顏色彩筆（水溶彩包括黑色）便應運而生。在某些場合下，視乎需要，投射幻燈顯像也派上了用場，它可更輕易地將廣闊的圖像或文字一下就投影出來！

Photo by
Jim Champion/CC BY 2.0

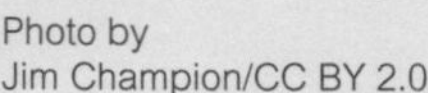

雖然粉筆和白堊石的英文都是 chalk，但後者的主要成分是碳酸鈣，而現在粉筆主要由硫酸鈣製成。圖為沙灘上經長期侵蝕的白堊石。

# Q2 為甚麼酒精比水蒸發得快？

吳心蕎

液體分子

溫度達沸點時，大部分液體分子都獲得足夠能量逃逸。

溫度未達沸點時，只有少量分子有足夠能量逃走。

固態、液態和氣態這物質三態的分子排列情況，依次序愈加疏離和散亂。液體分子間的分子距離適中，既容許分子互相拉扯而聚在一起，亦容許它們作一定程度的流動。液體分子的活動亦會隨着其物理狀態（如溫度、壓力）的改變有所增減：當該液體的溫度達到沸點（Boiling point）時，它便會氣化，變為氣態。由於每種液體分子間的作用力不同，彼此的沸點因而也有異。

在未達沸點時，液體的分子雖不會「集體飛逸」，卻仍會出現個別分子超越其他平均分子，從液體表面「逃」到空氣中，這種情況就是蒸發。

每種液體分子外逃所需的能量都不同，水分子需要的能量比較高，而酒精分子所需的就較低，因此酒精比水更快蒸發。一般而言，液體蒸發所需能量較高，則沸點也會較高。

宇宙樂隊演唱會
地球站
科學Q&A
第一百三十八話　電子樂隊危機
漫畫◎李少棠　上色協力◎周嘉詠
劇本◎《兒童的科學》創作組
宇宙樂隊Kosmos？
他們是現時宇宙最紅的樂隊，你們不認識嗎？
聽都沒聽過。
宇宙最紅？那一定很厲害吧！
我也想去看呢。
剛收到總部來訊說宇宙樂隊求助。
他們很快就會來到這裏。
噢！有機會見到宇宙級明星了！
甚麼？
咯咯
他們來了！
嗖——

不是
這樣子的嗎？
宇宙樂隊表演時
會擬裝成那星球
居住者的模樣，
這才是其真身。
哈囉~~
宇宙樂隊演唱會
請問你們
有甚麼事？
大家知道我們
會在地球舉行
演唱會吧。
但今早準備練習時，竟發現
樂隊的電子琴被破壞了！
甚麼？
這必須
徹查呢。
對，但明天就是
表演日，當務之急是
要找一個新電子琴。

這是我平日
光顧的琴行，
希望能找到合適
的電子琴吧。
地球的琴
也不錯呢。
有沒有合用
的電子琴？
這個
怎樣？
我家也是用這款，
音色不錯，要試試嗎？
但這不是
電子琴啊。
甚麼？
這部是數碼鋼琴，
跟表演用的
電子琴不同。
那不是
一樣的
嗎？

三角鋼琴
數碼鋼琴
數碼鋼琴是一般鋼琴的代替品，能發出仿真的鋼琴聲，體積較小，價格亦便宜，適合人們在家練習。
那是怎樣發出仿真的琴聲？
原理很簡單，就是……
數碼鋼琴就像錄音機一樣，將鋼琴每個琴鍵的音色收錄下來。
當人們按下數碼鋼琴的琴鍵，就會播放相應音色。隨着科技進步，按鍵的時間、力度也能令琴音有所改變，像真度越來越高。
現在的新型號連其他樂器的聲音也能模仿，甚至可當一人樂隊呢！
大家過來一下！
這款寫着表演用，是你們要的款式嗎？
對，就是這款！
這電子琴跟數碼鋼琴有甚麼分別啊？
你彈一下試試。

咦？怎麼沒聲音？
電源沒開嗎？
因為它還沒接駁音箱。
當按下琴鍵時，指令會以
電磁波方式傳到音箱，
在那裏轉化成聲音，再
透過喇叭或音箱發出來。
但為方便攜帶和表演，
這類電子琴不會
內置低端喇叭，而是
接駁舞台的大型音箱
才能發聲。
另外，電子琴不像
數碼鋼琴般配備自動伴奏
等功能，但它擁有編輯用
的合成器和演奏用的鍵盤，
各有不同長處。
快過來結賬，我們
還要趕回去練習呀！
錄音室
今晚我要
加緊練習去熟習
使用新琴。
錄音室
錄音室

我的結他呀！
這明顯是
被蓄意破壞，
須調查清楚！
怎會
這樣！
但明天是演唱會，
現在最要緊是找個
電結他來練習
和表演啊！
但琴行已經
關門了……
怎麼辦！
嗚嗚！
對了，我爸爸
喜歡收集木結他，
我叫他借一把來吧。
那不行啊。

你們看看
有何不同？
唔……木結他的
琴身有個洞，
電結他卻沒有？
對！
這個洞叫響孔，
木結他能發聲
就靠它了。
彈奏木結他時，琴弦的振動會傳到琴身，
並進入稱為共鳴箱的空間。
共鳴箱
振動在共鳴箱內混合、放大，最後聲音
經響孔放射出來，就成了清脆響亮的結他聲。
由於電結他沒有共鳴箱
和響孔，振動無法放大，
所以無法直接發出聲音。
跟電子琴一樣，電結他會接駁到
舞台音箱，把彈奏動作轉化成聲音。
所以舞台音響設備
對表演非常重要啊！
可是我家
沒有電結他。
若有代替品
的話……
對了，
我有辦法！

這種樂器叫特雷門琴，由前蘇聯發明家特雷門於1919年發明，可說是世上第一款電子樂器。

它能發出獨特聲音，故此常用來演奏昔日恐怖電影的配樂。

人體可導電，
當電荷進入
人體後亦可
儲存在內，
稱為電容。
特雷門琴就是
憑那兩條天線
感應人體的電容，
從而發出聲音。
這條垂直天線能調節
音階，只靠輕微動作
也會改變，要找出正確
的音階就很花工夫。
另一邊的水平天線
則控制音量，手掌
離開天線愈遠，
音量就愈大。
好！我就用
這特雷門琴代替
電結他表演！
事不宜遲，
立刻練習吧！
大家加油！

當日的
演出會場
宇宙樂隊演唱會
地球站
宇宙樂隊演唱會
地球站
延期通知
在哪裏呢？
真失策，我竟然
忘了演唱會日期，
弄得收購的門票
全未轉售。
演唱會門票
演唱會門票
演唱會門票
嘿嘿，
幸好我聰明，
破壞他們的
樂器，這樣就能令
演唱會延期。
只要多一星期，
就夠我賺個
盆滿鉢滿了。
嘩！
樂隊演唱會
怎麼了？
Kosmos
我愛你們！
這樂器
很特別！
太動聽了！
怎會
這樣？

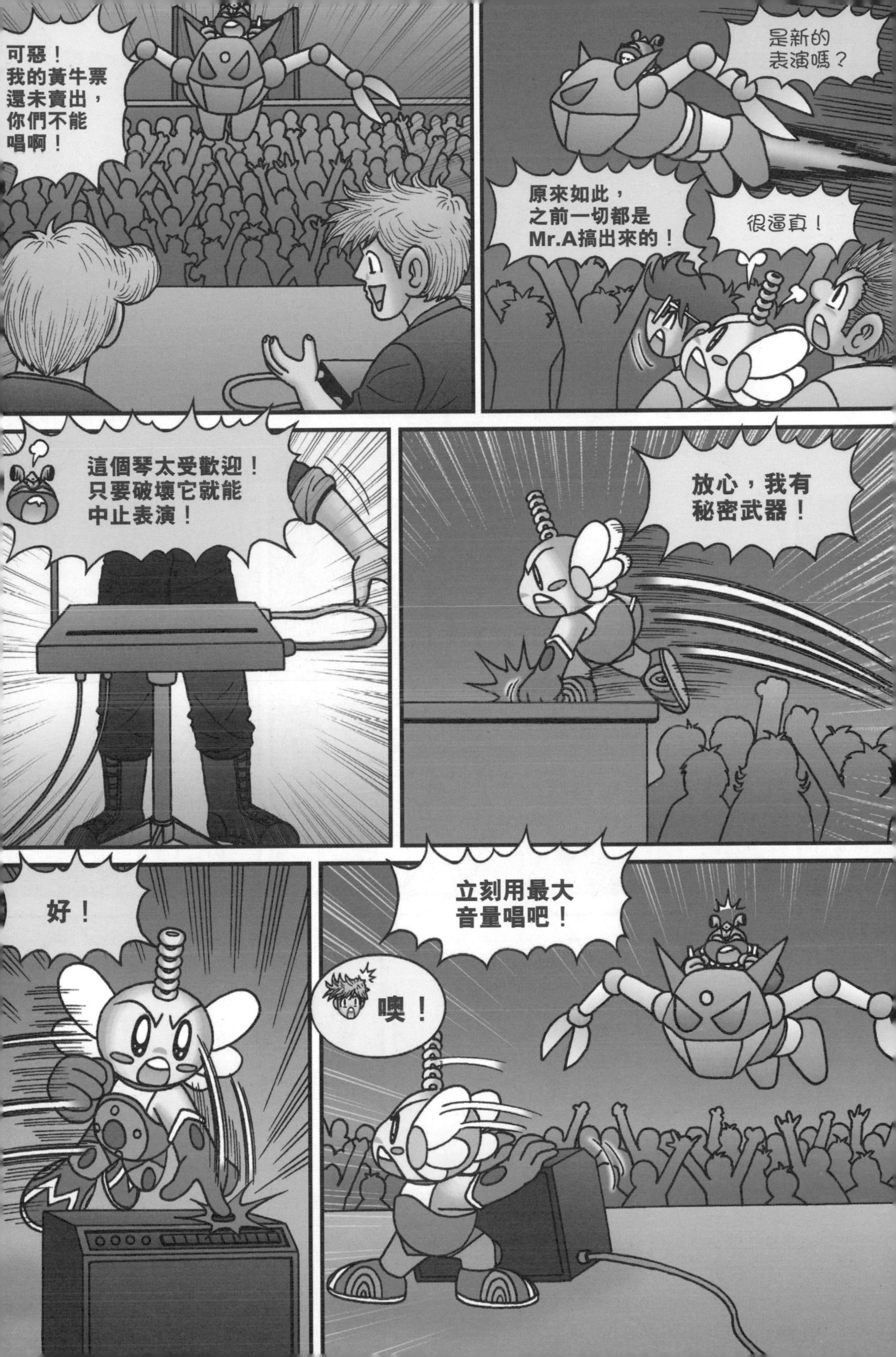
可惡！
我的黃牛票
還未賣出，
你們不能
唱啊！
是新的
表演嗎？
原來如此，
之前一切都是
Mr.A搞出來的！
很逼真！
這個琴太受歡迎！
只要破壞它就能
中止表演！
放心，我有
秘密武器！
好！
立刻用最大
音量唱吧！
噢！

啦——
啦啦啦
砰——
全靠你們幫忙，這次表演才能順利舉行！
幸好這個宇宙巡邏隊借出的音箱還有音波砲模式！
後會有期！
再見，下次演唱會我們也會捧場的！
呀，我忘了問他們拿簽名啊！
可惡……應該先拿他們的簽名……放到網上拍賣……
~完~

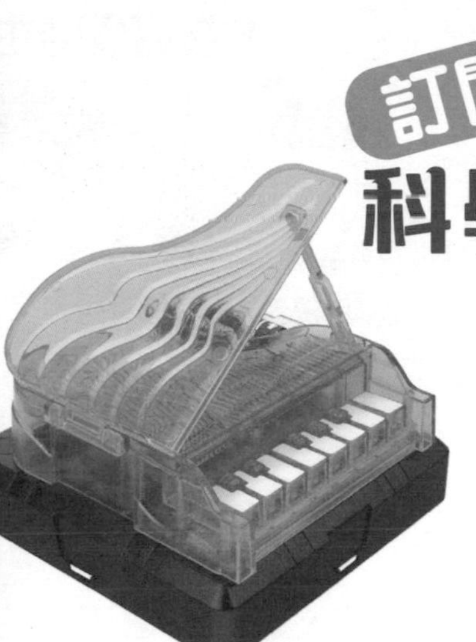

訂閱 小學生 科學知識月刊！

每月1日出版

翻到後頁 填寫訂閱表格

兒童的科學 訂戶換領店選擇 書報店

| 九龍區 | | 店鋪代號 |
|---|---|---|
| 新城 | 匯景廣場 401C 四樓（面對百佳） | B002KL |
| 偉華行 | 美孚四期 9 號舖（滙豐側） | B004KL |

# OK便利店

| 香港區 | 店鋪代號 |
|---|---|
| 環德輔道西 333 及 335 號地下連閣樓 | 284 |
| 環般咸道 13-15 號金寧大廈地下 A 號舖 | 544 |
| 鮮道西 82-87 號及修打蘭街 21-27 號海景大廈地下 D 及 H 號舖 | 413 |
| 營盤德輔道西 232 號地下 | 433 |
| 環德輔道中 323 號西港城地下 11,12 及 13 號舖 | 246 |
| 環閣麟街 10 至 16 號致發大廈地下 1 號舖及天井 | 188 |
| 環民光街 11 號 3 號碼頭 A B & C 舖 | 229 |
| 鑼花園道 3 號萬國寶通廣場地下 1 號舖 | 234 |
| 仔軒尼詩道 38 號地下 | 001 |
| 仔軒尼詩道 145 號安康大廈 3 號地下 | 056 |
| 仔灣仔道 89 號地下 | 357 |
| 仔駱克道 146 號地下 A 號舖 | 388 |
| 鑼灣駱克道 414, 418-430 號德大廈地下 2 號舖 | 291 |
| 鑼灣堅拿道東 5 號地下連閣樓 | 521 |
| 后英皇道 14 號僑興大廈地下 H 號舖 | 410 |
| 后地鐵站 TIH2 號舖 | 319 |
| 台山英皇道 193-209 號英皇中心地下 25-27 號舖 | 289 |
| 角七姊妹道 2,4,6,8 及 8A, 昌苑大廈地下 4 號舖 | 196 |
| 角電器道 233 號城市花園 1, 2 及 3 座台地下 6 號舖 | 237 |
| 角堡壘街 22 號地下 | 321 |
| 魚涌海光街 13-15 號海光苑地下 16 號舖 | 348 |
| 古康山花園第一座地下 H1 及 H2 | 039 |
| 灣河筲箕灣道 388-414 號逢源大廈地下 H1 號舖 | 376 |
| 箕灣愛東商場地下 14 號舖 | 189 |
| 箕灣道 106-108 號地下 B 舖 | 201 |
| 花邨地鐵站 HFC 5 及 6 號舖 | 342 |
| 灣興華邨和興樓 209-210 號 | 032 |
| 灣地鐵站 CHW12 號舖 (C 出口) | 300 |
| 灣小西灣道 28 號藍灣半島地下 18 號舖 | 199 |
| 灣小西灣邨小西灣商場四樓 401 號舖 | 166 |
| 灣小西灣商場地下 6A 號舖 | 390 |
| 灣康翠臺商場 L5 樓 3A 號舖及部份 3B 號舖 | 304 |
| 港仔中心第五期地下 7 號舖 | 163 |
| 港仔石排灣道 81 號兆輝大廈地下 3 及 4 號舖 | 336 |
| 港華富商業中心 7 號地下 | 013 |
| 馬地黃泥涌道 21-23 號浩利大廈地下 B 號舖 | 349 |
| 脷洲海怡路 18A 號海怡廣場（東翼）地下 02 號舖 | 382 |
| 扶林置富南區廣場 5 樓 503 號舖 "7-8 號檔" | 264 |

| 九龍區 | 店鋪代號 |
|---|---|
| 九龍碧街 50 及 52 號地下 | 381 |
| 大角咀港灣豪庭地下 G10 號舖 | 247 |
| 深水埗桂林街 42-44 號地下 E 舖 | 180 |
| 深水埗富昌商場地下 18 號舖 | 228 |
| 長沙灣蘇屋邨蘇屋商場地下 G04 號舖 | 569 |
| 長沙灣道 800 號香港紗廠工業大廈一及二期地下 | 241 |
| 長沙灣道 868 號利豐中心地下 | 160 |
| 長沙灣長發街 13 及 13 號 A 地下 | 314 |
| 荔枝角道 833 號昇悅商場一樓 126 號舖 | 411 |
| 荔枝角地鐵站 LCK12 號舖 | 320 |
| 紅磡家維邨家義樓店號 3 及 4 號 | 079 |
| 紅磡機利士路 669 號昌盛金舖大廈地下 | 094 |
| 紅磡馬頭圍道 37-39 號紅磡商業廣場地下 43-44 號 | 124 |
| 紅磡鶴園街 2G 號恒豐工業大廈第一期地下 CD1 號 | 261 |
| 紅磡愛景街 8 號海濱南岸 1 樓商場 3A 號舖 | 435 |
| 馬頭圍村洋葵樓地下 111 號 | 365 |
| 馬頭圍新碼頭街 38 號翔龍灣廣場地下 G06 舖 | 407 |
| 土瓜灣土瓜灣道 273 號地下 | 131 |
| 九龍城衙前圍道 47 號地下 C 單位 | 386 |
| 尖沙咀寶勒巷 1 號玫瑰大廈地下 A 及 B 號舖 | 169 |
| 尖沙咀科學館道 14 號新文華中心地下 50-53&55 舖 | 209 |
| 尖沙咀尖東站 3 號舖 | 269 |
| 佐敦佐敦道 34 號道興樓地下 | 451 |
| 佐敦地鐵站 JOR10 及 11 號舖 | 297 |
| 佐敦寶靈街 20 號寶靈大樓地下 A，B 及 C 鋪 | 303 |
| 佐敦佐敦道 9-11 號高基大廈地下 4 號鋪 | 438 |
| 油麻地文明里 4-6 號地下 2 號舖 | 316 |
| 油麻地上海街 433 號興華中心地下 6 號舖 | 417 |
| 旺角水渠道 22,24,28 號安豪樓地下 A 舖 | 177 |
| 旺角西海泓道富榮花園地下 32-33 號舖 | 182 |
| 旺角弼街 43 號地下及閣樓 | 208 |
| 旺角亞皆老街 88 至 96 號利豐大樓地下 C 舖 | 245 |
| 旺角登打士街 43P-43S 號鴻輝大廈地下 8 號舖 | 343 |
| 旺角洗衣街 92 號地下 | 419 |
| 旺角豉油街 15 號萬利商業大廈地下 1 號舖 | 446 |
| 太子道西 96-100 號地下 C 及 D 舖 | 268 |
| 石硤尾南山邨南山商場大廈地下 | 098 |
| 樂富中心 LG6( 橫頭磡南路 ) | 027 |
| 樂富港鐵站 LOF6 號舖 | 409 |
| 新蒲崗寧遠街 10-20 號渣打銀行大廈地下 E 號 | 353 |
| 黃大仙盈福苑停車場大樓地下 1 號舖 | 181 |
| 黃大仙竹園邨竹園商場 11 號舖 | 081 |
| 黃大仙龍蟠苑龍蟠商場中心 101 號舖 | 100 |
| 黃大仙地鐵站 WTS 12 號舖 | 274 |
| 慈雲山慈正邨慈正商場 1 平台 1 號舖 | 140 |
| 慈雲山慈正邨慈正商場 2 期地下 2 號舖 | 183 |
| 鑽石山富山邨富信樓 3C 地下 | 012 |
| 彩虹地鐵站 CHH18 及 19 號舖 | 259 |
| 彩虹村金碧樓地下 | 097 |
| 九龍灣德福商場 1 期 P40 號舖 | 198 |
| 九龍灣宏開道 18 號德福大廈 1 樓 3C 舖 | 215 |
| 九龍灣常悅道 13 號瑞興中心地下 A | 395 |
| 牛頭角淘大花園第一期商場 27-30 號 | 026 |
| 牛頭角彩德商場地下 G04 號舖 | 428 |
| 牛頭角彩盈邨彩盈坊 3 號鋪 | 366 |
| 觀塘翠屏商場地下 6 號舖 | 078 |
| 觀塘秀茂坪十五期停車場大廈地下 1 號舖 | 191 |
| 觀塘協和街 101 號地下 H 鋪 | 242 |
| 觀塘秀茂坪寶達邨寶達商場二樓 205 號舖 | 218 |
| 觀塘物華街 19 29 號 | 575 |
| 觀塘牛頭角道 305-325 及 325A 號觀塘立成大廈地下 K 號 | 399 |
| 藍田茶果嶺道 93 號麗港城中城地下 25 及 26B 號舖 | 338 |
| 藍田匯景道 8 號匯景花園 2D 舖 | 385 |
| 油塘高俊苑停車場大廈 1 號舖 | 128 |
| 油塘邨鯉魚門廣場地下 1 號舖 | 231 |
| 油塘油麗商場 7 號舖 | 430 |

| 新界區 | 店鋪代號 |
|---|---|
| 屯門友愛村 H.A.N.D.S 商場地下 S114-S115 號 | 016 |
| 屯門置樂花園商場地下 129 號 | 114 |
| 屯門大興村商場 1 樓 54 號 | 043 |
| 屯門山景邨商場 122 號地下 | 050 |
| 屯門美樂花園商場 81-82 號地下 | 051 |
| 屯門青翠徑南光樓高層地下 D | 069 |
| 屯門建生邨商場 102 號舖 | 083 |
| 屯門翠寧花園地下 12-13 號舖 | 104 |
| 屯門悅湖商場 53-57 及 81-85 號舖 | 109 |
| 屯門寶怡花園 23-23A 舖地下 | 111 |
| 屯門富泰商場地下 6 號舖 | 187 |
| 屯門屯利街 1 號華都花園第三層 2B-03 號舖 | 236 |
| 屯門海珠路 2 號海典軒地下 16-17 號舖 | 279 |
| 屯門啟發徑，德政圍，柏苑地下 2 號舖 | 292 |
| 屯門龍門路 45 號富健花園地下 87 號舖 | 299 |
| 屯門寶田商場地下 6 號舖 | 324 |
| 屯門良景商場 114 號舖 | 329 |
| 屯門蝴蝶村熟食市場 13-16 號 | 033 |
| 屯門兆康苑商場中心店號 104 | 060 |
| 天水圍天恩商場 109 及 110 號舖 | 288 |
| 天水圍天瑞路 9 號天瑞商場地下 L026 號舖 | 437 |
| 天水圍 Town Lot 28 號俊宏軒俊宏廣場地下 L30 號 | 337 |
| 元朗朗屏邨玉屏樓地下 1 號 | 023 |
| 元朗朗屏邨鏡屏樓 M009 號舖 | 330 |
| 元朗水邊圍邨康水樓地下 103-5 號 | 014 |
| 元朗谷亭街 1 號傑文樓地舖 | 105 |
| 元朗大棠路 11 號光華廣場地下 4 號舖 | 214 |
| 元朗青山道 218, 222 & 226-230 號富興大邨地下 A 舖 | 285 |
| 元朗又新街 7-25 號元新大廈地下 4 號及 11 號舖 | 325 |
| 元朗青山公路 49-63 號金豪大廈地下 E 號舖及閣樓 | 414 |
| 元朗青山公路 99-109 號元朗貿易中心地下 7 號舖 | 421 |
| 荃灣大窩口村商場 C9-10 號 | 037 |
| 荃灣中心第一期高層平台 C8,C10,C12 | 067 |
| 荃灣麗城花園第三期麗城商場地下 2 號 | 089 |
| 荃灣海壩街 18 號 ( 近福來村 ) | 095 |
| 荃灣圓墩圍 59-61 號地下 A 舖 | 152 |
| 荃灣梨木樹村梨木樹商場 LG1 號舖 | 265 |
| 荃灣梨木樹村梨木樹商場 1 樓 102 號舖 | 266 |
| 荃灣德海街富利達中心地下 E 號舖 | 313 |
| 荃灣鹹田街 61 至 75 號石壁新村遊樂場 C 座地下 C6 號舖 | 356 |
| 荃灣青山道 185-187 號荃勝大廈地下 A2 鋪 | 194 |
| 青衣港鐵站 TSY 306 號舖 | 402 |
| 青衣村一期停車場地下 6 號舖 | 064 |
| 青衣青華苑停車場地下舖 | 294 |
| 葵涌安蔭商場 1 號舖 | 107 |
| 葵涌石蔭東邨蔭興樓 1 及 2 號舖 | 143 |
| 葵涌邨第一期秋葵樓地下 6 號舖 | 156 |
| 葵涌盛芳街 15 號運芳樓地下 2 號舖 | 186 |
| 葵涌景荔徑 8 號盈暉家居城地下 G-04 號舖 | 219 |
| 葵涌貨櫃碼頭亞洲貨運大廈第三期 A 座 7 樓 | 116 |
| 葵涌華星街 1 至 7 號美華工業大廈地下 | 403 |
| 上水彩園邨彩華樓 301-2 號 | 018 |
| 粉嶺名都商場 2 樓 39A 號舖 | 275 |
| 粉嶺嘉福邨商場中心 6 號舖 | 127 |
| 粉嶺欣盛苑停車場大廈地下 1 號舖 | 278 |
| 粉嶺清河邨商場 46 號鋪 | 341 |
| 大埔富亨邨富亨商場中心 23-24 號舖 | 084 |
| 大埔運頭塘邨商場 1 號店 | 086 |
| 大埔安邦路 9 號大埔超級城 E 區三樓 355A 號舖 | 255 |
| 大埔南運路 1-7 號富雅花園地下 4 號舖，10B-D 號舖 | 427 |
| 大埔墟大榮里 26 號地下 | 007 |
| 大圍火車站大堂 30 號舖 | 260 |
| 火炭禾寮坑路 2-16 號安盛工業大廈地下部份 B 地廠單位 | 276 |
| 沙田穗禾苑商場中心地下 G6 號 | 015 |
| 沙田乙明邨明耀樓地下 7-9 號 | 024 |
| 沙田新翠邨商場地下 6 號 | 035 |
| 沙田田心街 10-18 號雲疊花園地下 10A-C,19A | 119 |
| 沙田小瀝源安平街 2 號利豐中心地下 | 211 |
| 沙田愉翠商場 1 樓 108 鋪 | 221 |
| 沙田美田商場地下 1 號舖 | 310 |
| 沙田第一城中心 G1 號舖 | 233 |
| 馬鞍山耀安邨耀安商場店號 116 | 070 |
| 馬鞍山錦英苑商場中心低層地下 2 號 | 087 |
| 馬鞍山富安花園商場中心 22 號 | 048 |
| 馬鞍山頌安邨頌安商場 1 號舖 | 147 |
| 馬鞍山錦泰苑錦泰商場地下 2 號舖 | 179 |
| 馬鞍山烏溪沙火車站大堂 2 號舖 | 271 |
| 西貢海傍廣場金寶大廈地下 12 號舖 | 168 |
| 西貢西貢大廈地下 23 號舖 | 283 |
| 將軍澳翠琳購物中心店號 105 | 045 |
| 將軍澳欣明苑停車場大廈地下 1 號 | 076 |
| 將軍澳寶琳邨寶勤樓 110-2 號 | 055 |
| 將軍澳新都城中心三期都會豪庭商場 2 樓 209 號舖 | 280 |
| 將軍澳景林邨商場中心 6 號舖 | 502 |
| 將軍澳厚德邨商場 ( 西翼 ) 地下 G11 及 G12 號舖 | 352 |
| 將軍澳寶寧路 25 號富寧花園商場地下 10 及 11A 號舖 | 418 |
| 將軍澳明德邨明德商場 19 號舖 | 145 |
| 將軍澳尚德邨尚德商場地下 8 號舖 | 159 |
| 將軍澳唐德街將軍澳中心地下 B04 號舖 | 223 |
| 將軍澳彩明商場擴展部份二樓 244 號舖 | 251 |
| 將軍澳景嶺路 8 號都會駅商場地下 16 號舖 | 345 |
| 將軍澳景嶺路 8 號都會駅商場 2 樓 039 及 040 號舖 | 346 |
| 大嶼山東涌健東路 1 號映灣園映灣坊地面 1 號舖 | 295 |
| 長洲新興街 107 號地下 | 326 |
| 長洲海傍街 34-5 號地下及閣樓 | 065 |

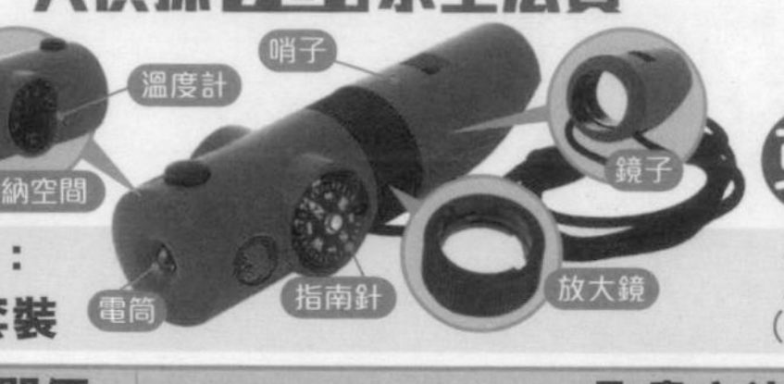


或

大偵探口罩套裝
（包含 10 片口罩及 1 個收納套）

**訂閱兒童的科學請在方格內打 ☑ 選擇訂閱版本**

**凡訂閱教材版 1 年 12 期，可選擇以下 1 份贈品：**
**□大偵探 7 合 1 求生法寶　或　□大偵探口罩套裝**

| 訂閱選擇 | 原價 | 訂閱價 | 取書方法 |
|---|---|---|---|
| □普通版（書 半年 6 期） | ~~$210~~ | $196 | 郵遞送書 |
| □普通版（書 1 年 12 期） | ~~$420~~ | $370 | 郵遞送書 |
| □教材版（書 + 教材 半年 6 期） | ~~$540~~ | $488 | OK便利店 或書報店取書<br>請參閱前頁的選擇表，填上取書店舖代號→ |
| □教材版（書 + 教材 半年 6 期） | ~~$690~~ | $600 | 郵遞送書 |
| □教材版（書 + 教材 1 年 12 期） | ~~$1080~~ | $899 | OK便利店或書報店取書<br>請參閱前頁的選擇表，填上取書店舖代號→ |
| □教材版（書 + 教材 1 年 12 期） | ~~$1380~~ | $1123 | 郵遞送書 |

## 訂戶資料

月刊只接受最新一期訂閱，請於出版日期前 20 日寄出。例如，想由 11 月號開始訂閱兒童的科學，請於 10 月 10 日前寄出表格。

訂戶姓名：# ______________________ 性別：________ 年齡：________ 聯絡電話：# ______________

電郵：# ______________________________________________

送貨地址：# ______________________________________________

您是否同意本公司使用您上述的個人資料，只限用作傳送本公司的書刊資料給您？（有關收集個人資料聲明，請參閱封底裏）　# 必須提供

請在選項上打 ☑。　同意□　不同意□　簽署：______________ 日期：________年________月________日

## 付款方法

請以 ☑ 選擇方法①、②、③、④或⑤

□ ① 附上劃線支票 HK$ ______________（支票抬頭請寫：Rightman Publishing Limited）

銀行名稱：______________________ 支票號碼：______________

□ ② 將現金 HK$ ______________ 存入 Rightman Publishing Limited 之匯豐銀行戶口（戶口號碼：168-114031-001）。
現把銀行存款收據連同訂閱表格一併寄回或電郵至 info@rightman.net。

□ ③ 用「轉數快」（FPS）電子支付系統，將款項 HK$ ______________ 轉數至 Rightman Publishing Limited 的手提電話號碼 63119350，並把轉數通知連同訂閱表格一併寄回、 WhatsApp 至 63119350 或電郵至 info@rightman.net。

正文社出版有限公司
Scan me to PayMe

□ ④ 用香港匯豐銀行「PayMe」手機電子支付系統內選付款後，掃瞄右面 Paycode，輸入所需金額，並在訊息欄上填寫①姓名及②聯絡電話，再按「付款」便完成。付款成功後將交易資料的截圖連本訂閱表格一併寄回；或 WhatsApp 至 63119350；或電郵至 info@rightman.net。

八達通 Octopus
八達通 App QR Code 付款

□ ⑤ 用八達通手機 APP，掃瞄右面八達通 QR Code 後，輸入所需付款金額，並在備註內填寫❶ 姓名及❷ 聯絡電話，再按「付款」便完成。付款成功後將交易資料的截圖連本訂閱表格一併寄回；或 WhatsApp 至 63119350；或電郵至 info@rightman.net。

如用郵寄，請寄回：**「柴灣祥利街 9 號祥利工業大廈 2 樓 A 室」《匯識教育有限公司》訂閱部收**

## 收貨日期

本公司收到貨款後，您將於以下日期收到貨品：

- 訂閱兒童的科學：每月 1 日至 5 日
- 選擇「OK便利店 / 書報店取書」訂閱兒童的科學的訂戶，會在訂閱手續完成後兩星期內收到換領券，憑券可於每月出版日期起計之 14 天內，到選定的 OK便利店 / 書報店取書。

填妥上方的郵購表格，連同劃線支票、存款收據、轉數通知或「PayMe」交易資料的截圖，寄回「柴灣祥利街 9 號祥利工業大廈 2 樓 A 室」匯識教育有限公司訂閱部收、WhatsApp 至 63119350 或電郵至 info@rightman.net。

**兒童的科學 NO.210**

請貼上
HK$2.2郵票
只供香港
讀者使用

香港柴灣祥利街9號
祥利工業大廈2樓A室
兒童的科學 編輯部收

有科學疑問或有意見、
想參加開心禮物屋，
請填妥問卷，寄給我們！

大家可用
電子問卷方式遞交

▼請沿虛線向內摺

請在空格內「✔」出你的選擇。

我購買的版本為：01☐實踐教材版 02☐普通版

***給編輯部的話**

***開心禮物屋：** 我選擇的禮物編號

***我的科學疑難/我的天文問題：**

*本刊有機會刊登上述內容以及填寫者的姓名。

**有關今期內容**

**Q1：今期主題：「彈電子琴探索聲學」**
03☐非常喜歡 04☐喜歡 05☐一般 06☐不喜歡 07☐非常不喜歡

**Q2：今期教材：「袖珍電子琴」**
08☐非常喜歡 09☐喜歡 10☐一般 11☐不喜歡 12☐非常不喜歡

**Q3：你覺得今期「袖珍電子琴」容易使用嗎？**
13☐很容易 14☐容易 15☐一般 16☐困難
17☐很困難（困難之處：________________） 18☐沒有教材

**Q4：你有做今期的勞作和實驗嗎？**
19☐旋轉幸福摩天輪 20☐實驗一：房間裏的「大象」
21☐實驗二：氣流「減壓」大法

請沿實線剪下

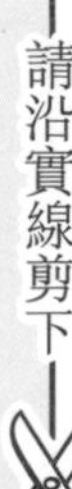

請沿實線剪下

問　卷

請以膠水封口

請以膠水封口

## 讀者檔案

#必須提供

| #姓名： | 男<br>女 | 年齡： | 班級： |
|---|---|---|---|
| 就讀學校： | | | |
| #居住地址： | | | |
| | #聯絡電話： | | |

你是否同意，本公司將你上述個人資料，只限用作傳送《兒童的科學》及本公司其他書刊資料給你？（請刪去不適用者）

同意/不同意　簽署：＿＿＿＿＿＿＿＿＿＿　日期：＿＿＿＿年＿＿月＿＿日

（有關詳情請查看封底裏之「收集個人資料聲明」）

## 讀者意見

A 科學實踐專輯：居兔夫人的買琴之旅
B 海豚哥哥自然教室：中華白海豚開心到跳起
C 科學DIY：旋轉幸福摩天輪
D 科學實驗室：空氣中有大笨象？
E 讀者天地
F 大偵探福爾摩斯科學鬥智短篇：快速列車謀殺案（I）
G 今期特稿：創新科技嘉年華2022
H 誰改變了世界：宇宙探索者 霍金（下）
I 活動資訊站
J 科技新知：萬能機械靈犬Spot
K 數學偵緝室：鸚鵡迷蹤
L 天文教室：何處覓星星
M 曹博士信箱：為甚麼粉筆能夠在黑板上寫字卻不能在白板上寫字？
N 科學Q&A：電子樂隊危機

＊請以英文代號回答**Q5**至**Q7**

**Q5. 你最喜愛的專欄：**
第 1 位 22＿＿＿＿　第 2 位 23＿＿＿＿　第 3 位 24＿＿＿＿

**Q6. 你最不感興趣的專欄**：25＿＿＿＿　原因：26＿＿＿＿

**Q7. 你最看不明白的專欄**：27＿＿＿＿　不明白之處：28＿＿＿＿

**Q8. 你從何處購買今期《兒童的科學》？**
29□訂閱　30□書店　31□報攤　32□便利店　33□網上書店
34□其他：＿＿＿＿

**Q9. 你有瀏覽過我們網上書店的網頁www.rightman.net嗎？**
35□有　36□沒有

**Q10. 你會參加10月22至30日在香港科學園舉辦的「創新科技嘉年華」嗎？**
37□會　38□不會（原因：＿＿＿＿）

**Q11. 你喜歡閱讀哪類型的小說？**
39□科幻故事　40□歷史故事　41□奇幻故事　42□冒險故事
43□推理故事　44□勵志故事　45□科學名人故事
46□其他＿＿＿＿